U0157086

虚拟现实技术及应用研究

邬少飞◎著

吉林大学出版社

·长　春·

图书在版编目（CIP）数据

虚拟现实技术及应用研究 / 郛少飞著 . -- 长春 :
吉林大学出版社 , 2023.6

ISBN 978-7-5768-1876-5

Ⅰ . ①虚… Ⅱ . ①郛… Ⅲ . ①虚拟现实—研究 Ⅳ .
① TP391.98

中国国家版本馆 CIP 数据核字（2023）第 133277 号

书　　名　虚拟现实技术及应用研究
　　　　　XUNI XIANSHI JISHU JI YINGYONG YANJIU
作　　者　郛少飞　著
策划编辑　殷丽爽
责任编辑　殷丽爽
责任校对　安　萌
装帧设计　李文文
出版发行　吉林大学出版社
社　　址　长春市人民大街 4059 号
邮政编码　130021
发行电话　0431-89580028/29/21
网　　址　http:/ / www. jlup. com. cn
电子邮箱　jldxcbs@ sina. com
印　　刷　天津和萱印刷有限公司
开　　本　787mm × 1092mm　1/16
印　　张　11.75
字　　数　200 千字
版　　次　2024 年 1 月　第 1 版
印　　次　2024 年 1 月　第 1 次
书　　号　ISBN 978-7-5768-1876-5
定　　价　72.00 元

作者简介

邬少飞（1979.9–），男，汉族，湖北武汉人。计算机应用专业硕士，管理科学与工程专业博士。现为武汉工程大学计算机科学与工程学院、人工智能学院副教授、硕士生导师。自进入武汉工程大学任教以来，共承担湖北省自然科学基金项目 1 项；承担企业委托横向科研项目 10 余项；发表科研论文 50 余篇，其中被 SCI/EI/ISTP 检索 40 余篇；参与出版专著 1 部；获得国家发明专利 1 项，国际发明专利 3 项。指导本科生获得国家级大学生创新创业训练项目 1 项、湖北省大学生创新创业训练项目 1 项、武汉工程大学校长基金项目 8 项。

前 言

虚拟现实（virtual reality，VR）技术的核心为计算机技术，是借助现代高科技对虚拟环境进行生成，用户能够通过佩戴相应的输入/输出设备，与虚拟环境中的物体进行自然交互，并且在视觉、听觉、触觉上都会有真实世界一般的感受。

虚拟现实技术是一门新兴的信息技术，近年来已逐渐发展成为一门跨学科、多层次、多功能的高新技术。它能实时地表现三维空间、实现自然的人机交互，给人们带来身临其境的感受，改变人与计算机之间枯燥、生硬、被动的交互现状，为人机交互技术开辟新的科学研究领域。

虚拟现实技术作为综合性的集成技术，与计算机图形学、人机交互技术、传感技术、人工智能、计算机仿真、立体显示、计算机网络、并行处理与高性能计算等技术和领域有着紧密的关联。其借助计算机生成与真实世界相同的三维视觉、听觉、触觉等感觉，并将此通过特定的设备传递给使用者，使人不仅能够对虚拟世界进行体验，更能够与之交互。当使用者产生位移，虚拟世界也会通过计算机的复杂运算而形成具有真实感的影像的改变，让人如临其境。

随着虚拟现实技术的不断发展，其应用领域也在不断扩张。虚拟现实技术目前在军事、航空、娱乐、医学、机器人方面的应用占据主流地位，其次在教育、艺术、商业、制造业等领域也占有相当大的比重，而且其应用潜力也必将给人类未来的生活与发展带来深远和广泛的影响。

本书主要介绍了虚拟现实技术及应用研究，共分为五章内容。其中第一章为虚拟现实概论，分为四节进行介绍，分别为虚拟现实的概念与特征、虚拟现实系统的组成与分类、虚拟现实的发展历程、虚拟现实的产业分析；第二章主要内容为虚拟现实系统的硬件设备，分别为感知设备、基于自然的交互设备、三维定位跟踪设备、虚拟世界生成设备四部分；第三章主要涉及虚拟现实技术的相关软件的介绍，共分为四节内容，分别为三维建模软件、虚拟现实开发平台、实时仿真平台 Creator 与 Vega Prime（实时三维虚拟现实开发工具）、虚拟现实开发常用脚本编程语言介绍；第四章主要内容为虚拟现实中的技术研究，共分为五节内容，分别介绍了虚拟现实中的计算技术、虚拟现实中的交互技术、虚拟现实中的三维建模技术、虚拟现实中的三维虚拟声音技术、虚拟现实中的内容制作技术；第五章主要内容为虚拟现实技术的实际应用与分析研究，使用两节内容进行介绍，分别为虚拟现实技术在各行业的应用、虚拟现实技术的发展前景。

在撰写本书的过程中，作者得到了许多专家学者的帮助和指导，参考了大量的学术文献，在此表示真诚的感谢。本书内容系统全面，论述条理清晰、深入浅出，但由于作者水平有限，书中难免会有疏漏之处，希望广大同行及时指正。

作者

2022 年 10 月

目　录

第一章　虚拟现实概论

本章为虚拟现实概论，分为四节进行介绍，依次是虚拟现实的概念与特征、虚拟现实系统的组成与分类、虚拟现实的发展历程、虚拟现实的产业分析。

第一节　虚拟现实的概念与特征

一、虚拟现实的基本概念

虚拟现实（virtual reality，简称 VR），也称为灵境技术，这个词最开始是被美国 VPL Research（虚拟研究）公司的创建人杰伦·拉尼尔（Jaron Lanier）于 1989 年提出的，用以统一表述当时纷纷涌现的各种借助计算机技术及研制的传感装置所创建的一种崭新的模拟环境。虚拟现实技术是一项综合性的信息技术，涉及多种学科和技术，如计算机图形学、多媒体技术、人机交互技术、传感技术、网络技术、立体显示技术、计算机仿真与人工智能等，具有明显的交叉性和挑战性。这项技术之所以被应用，是为了发展军事和航空航天领域，这也是其最初的应用领域，而如今，其应用范围逐渐广泛，在工业制造、规划设计、教育培训、交通仿真、文化娱乐等方面都发挥着重要的作用，毫无疑问，它对社会产生了巨大影响，并且改变着人们的生活。由于改变了传统的人与计算机之间被动、单一的交互模式，用户和系统的交互变得主动化、多样化、自然化，因此虚拟现实技术已成为计算机科学与技术领域中继多媒体技术、网络技术及人工智能之后备受人们关注与研究开发的热点。

（一）虚拟现实技术的定义

虚拟现实的英文名称为 virtual reality，virtual 是虚假的意思，其含义是这个环境或世界是虚拟的，是存在于计算机内部的。reality 就是真实的意思，其含义是现实的环境或真实的世界。所谓虚拟现实，顾名思义，就是虚拟和现实相互结合，是一种可以创建和体验虚拟世界的计算机仿真系统，其最核心的就是计算机技术，同时也融入多种相关技术，对虚拟环境进行生成，这种虚拟环境十分逼真，能够给人带来与现实世界相差无几的视觉、听觉和触觉感受，用户穿戴上特定的设备之后，能够借此体验到虚拟世界，并与其中的物体产生双向的影响和交互，让用户好似真的来到了这样一个现实世界的场景当中。这一技术创造产生于人类对自然的探索和认识，并且能够在人类对自然进行认识和模拟的时候应用，帮助人类实现对自然的更好适应和利用。

虚拟现实是利用计算机和一系列传感设施来实现的，使人能有置身于真正现实世界中的感觉，所生成的模拟环境具有很高的真实感。借助传感设备，用户在按照自身感觉对虚拟世界中的物体进行观察、认识和操作的时候，会拥有极为真实的体验。其含义具体来说有三点：其一，虚拟现实是三维环境，具有多视点和实时动态，其以计算机图形学为基础，所生成的三维环境不仅能够对现实世界进行真实再现，也能够超越现实构建虚拟世界；其二，操作者可以通过人的视觉、听觉、触觉、嗅觉等多种感官，直接以人的自然技能和思维方式与所投入的环境交互；其三，在操作过程中，人是以一种实时数据源的形式沉浸在虚拟环境中的行为主体，而不仅仅是窗口外部的观察者。由此可见，虚拟现实的出现为人们提供了一种全新的人机交互方式。

虚拟现实也可以理解为一种创造和体验虚拟世界（virtual world）的计算机系统，是一种模拟人在自然环境中视觉、听觉、运动等感知行为，并可以和这种虚拟环境之间自然交互的高级人机界面技术，是允许用户通过自己的手和头部的运动与环境中的物体进行交互作用的一种独特的人机界面。这种人机界面具有以下特点：其一，逼真的感觉，包括视觉、听觉、触觉、嗅觉等；其二，自然交互，包括运动、姿势、语言、身体跟踪；其三，个人的视点，用户用自己的眼、耳、身体感觉信息；其四，迅速响应，感觉的信息根据用户视点变化和用户输入及时更新。

虚拟现实的作用对象是“人”而非“物”。虚拟现实以人的直观感受体验为基本评判依据，是人类认识世界、改造世界的一种新的方式和手段。与其他直接作用于“物”的技术不同。虚拟现实本身并不是生产工具，它通过影响人的认知体验，间接作用于“物”，进而提升效率。

虚拟现实是对客观世界的易用、易知化改造，是互联网未来的入口与交互环境。一是抽象事物的具象化，包括一维、二维、三维向多维的转化，信息数据的可视化建模；二是观察视角的自主化，能够突破空间物理尺寸局限开展增强式观察、全景式观察、自然运动观察，且观察视野不受屏幕物理尺寸局限；三是交互方式的自然化，传统键盘、鼠标的输入输出方式向手眼协调的自然人机交互方式转变。

（二）虚拟现实的科学技术问题类描述

虚拟现实的目的是利用计算机仿真技术及其他相关技术复制、仿真现实世界（假想世界），来对与现实世界高度相似的虚拟世界进行构建，用户与虚拟世界交互时，可以对其对应的现实世界形成体验，甚至对现实世界产生影响。这一过程可以形式化地表述如下。

设 W 为现实世界（假想世界）所有状态的集合，将 W 划分为不交子集的集合 T，以使不同的 VR 建模方法可以模型化对应划分中的现实世界状态；C 是计算机状态序列的集合；E 是人机交互设备的集合，S（E）为 E 的状态序列的集合。我们首先定义一个选择操作 see，它把 W 中的状态映射到它所选择的划分，如下所示。

see：$W \rightarrow T$

为表征对现实世界的模拟，定义仿真函数 in，它把现实世界状态划分映射到计算机状态序列集，如下所示。

in：$T \rightarrow \rho(C)$（$\rho(C)$ 为 C 的幂集）

为表征虚拟世界中对象对外界的作用，定义虚拟对象表现函数 show，它把计算机状态序列集映射到人机交互设备的状态序列集合，如下所示。

show：$\rho(C) \rightarrow S(E)$（S（E）为所有人机交互设备的状态序列集）

为表征人对虚拟环境的控制，定义控制函数 do，如下所示。

do：$C^*S(E) \rightarrow C$

最后定义VR系统为8元组：（W，T，C，E，see，in，show，do）

in，show，do三个函数就是虚拟现实的三大科学技术问题类。in是VR中的建模，可以是一个算法、公理系统，也可以是一个有结构的人工计算机输入过程；show是VR对象的表现，可以是一个算法、数据变换，也可以是有结构的数据输出流；do是人或外部世界对虚拟环境的控制，是有结构的数据输入流，与交互设备密切相关。

（三）虚拟现实与增强现实、混合现实概念辨析

1. 虚拟现实

虚拟现实是利用计算机对某个三维空间的虚拟世界进行模拟和生成，为使用者模拟视觉、听觉、触觉等感官感受，产生身临其境之感，在其所构造的世界内，使用者感知和交互的是虚拟世界里的东西。现今，在智能穿戴市场上，VR的代表产品有很多，例如：Facebook（脸书）的Oculus Rift（虚拟现实眼镜）、索尼的PS VR、HTC的Vive和三星的Gear VR，以及谷歌公司的简约版VR设备Cardboard（纸板盒），它们都能带我们领略VR技术的魅力。

2. 增强现实

增强现实（augmented reality，简称AR）是在虚拟现实的基础上发展起来的一种将真实世界信息和虚拟世界信息“无缝”集成的新技术，将计算机生成的虚拟信息叠加到现实中的真实场景，以对现实世界进行补充，使人们在视觉、听觉、触觉等方面增强对现实世界的体验。简单地说，VR是全虚拟世界，AR是半真实、半虚拟的世界。如今在AR领域最具代表性的产品无疑是微软的HoloLens（全息透镜），除此之外，还有Meta2、Dagri等。由于AR比VR的技术难度更高，因此，AR的发展程度并没VR高。

3. 混合现实

混合现实（mixed reality，简称MR）是虚拟现实技术的进一步发展，这一技术能够使虚拟场景的信息呈现于现实场景，在用户、真实世界、虚拟世界间构造信息回路实现交互反馈，从而为用户带来更加真实的体验感。该技术兼具上述两种技术的优势，实现了对增强现实技术的优化体现。

近年来，应用全息投影技术的混合现实，使得我们可以实现不用戴眼镜或头盔就能看到真实的三维空间物体，全息的本意是在真实世界中呈现一个三维虚拟

空间。全息投影技术也称虚拟成像技术，能够形成三维图像对相应的物体进行记录和真实再现，主要是基于光信号的干涉以及衍射原理实现的。该技术所生成的三维图像不仅仅具有立体性和真实感，还能够互动于表演者，成为表演中的出色部分，获得超出意料的表演效果。

在 MR 领域风头最盛的莫过于美国的 Magic Leap（魔法飞跃）公司，这家公司虽然到目前为止还没有发布任何产品，但是靠着发布的几个演示视频就获得了总计高达 14 亿美元的投资，成为估值高达 45 亿美元的独角兽公司，如图 1-1-1 所示，为 Magic Leap（魔法飞跃）公司发布的在体育馆观看鲸鱼表演的混合现实演示视频的截图。

从狭义来说，虚拟现实特指 VR，是以想象为特征，创造与用户交互的虚拟世界场景。广义的虚拟现实包含 VR、AR、MR，是虚构世界与真实世界的辩证统一。AR 以虚实结合为特征，将虚拟物体信息和真实世界叠加，实现对现实的增强。MR 将虚拟世界和真实世界融合创造为一个全新的三维世界，其中物理实体和数字对象实时并存并且相互作用。AR 和 VR 区分并不难，难的是如何区分 AR 和 MR。从概念上来说，VR 是纯虚拟数字画面，而 AR 是虚拟数字画面加上裸眼现实，MR 是数字化现实加上虚拟数字画面。当然，很多时候，人们就把 AR 也当作了 MR 的代名词，用 AR 代替了 MR。

图 1-1-1 Magic Leap（魔法飞跃）公司发布的混合现实演示视频截图

二、虚拟现实的基本特征

虚拟现实借助计算机对虚拟环境进行生成，用户在佩戴相应的设备后能够将自己“投射”其中，对虚拟环境进行操作和控制，完成特定任务，也就是说，人主宰着这个环境。其技术原理可简单描述为：人在物理空间通过传感器集成设备与由计算机硬件和VR图形渲染引擎产生的虚拟环境交互。来自多传感器的原始数据经过处理成为融合信息，经过行为解释器产生行为数据，输入虚拟环境并与用户进行交互，来自虚拟环境的配置和应用状态再由传感器输出反馈给用户，虚拟现实提供了一种全新的方式，使人借助计算机交互于复杂数据，并实现对此的可视化操作和交互。不同于人机界面和视窗操作，在技术思想层面，这一技术实现了质的飞跃。

1994年，美国科学家伯第亚（G.Burdea）和科菲特（P.Coiffet）提出了虚拟现实的三个基本特征，即交互性、沉浸性和构想性（interaction，immersion，imagination，简称“3I”）。由于虚拟现实技术的硬件、软件和应用领域不同，“3I”的侧重点也各有不同。

（一）交互性

交互性（interaction）是指用户对模拟环境内物体的可操作程度和从环境中得到反馈的自然程度（也包括实时性）。用户在虚拟空间内，通过相应的设备让用户跟环境产生相互作用，当用户进行某种操作时，周围的环境也会做出某种反应。人能够以很自然的方式跟虚拟世界中的对象进行交互操作或者自主交流，着重强调使用手势、体势等身体动作（主要是通过头盔、数据手套、数据衣等来采集信号）和自然语言等自然方式的交流。例如，用户以指腹对虚拟世界的物品进行触摸，其指腹就会获得摸到这种物品的感觉，当把它拿起来，也会有相应的握感和重感，同时物品也会随手移动。

（二）沉浸性

沉浸性（immersion）也被叫作临场感，指作为主角的用户存在于模拟环境中感到的真实程度。用户进入虚拟世界并沉浸其中，不仅是观察者，更是参与者，会对虚拟世界产生交互和影响，也就成为这个系统的一部分。不管是生理还是心理上，用户在这一世界中难以对真假进行区分，从而可以完全投入这个虚拟世界中。在虚拟世界，不管是视觉、听觉还是触觉，都会获得极为真实的感受，让人无法感到和现实世界的不同，甚至在嗅觉和味觉上也是如此。沉浸性是被系统的多感知性（multi-sensory）所决定的。多感知性不仅仅指一般计算机技术所具有的视觉感知，也包括听觉感知、力感知、触觉感知、运动感知，甚至包括味觉感知和嗅觉感知等。从最理想的视角看，虚拟现实技术应该能够对人的全部感知功能进行模拟。然而，目前相关技术还无法提供这样的支持，尤其是传感技术仍需发展，目前技术能够实现的感知功能较为有限，主要是视觉、听觉、力感、触觉、运动等。要提升沉浸性，就要给用户带来更多的感官刺激，这样用户才会有思维共鸣，精神和心理上沉浸在虚拟世界，就像生活在现实世界当中。

（三）构想性

构想性（imagination）也可以叫想象性，指的是进入虚拟世界后，用户能够互动于其中的事物，获得更多认知，对现实世界所没有的场景，以及无法形成的环境的创造能力的程度。从另一个角度看，构想性也可以指用户在虚拟世界中，基于个人感觉和认知能力对知识进行内化。将思维发散开来，获取感性和理性认识，按照其获得的信息以及个人的行为，借助联想、推理和逻辑判断等思维过程，想象系统运动的未来进展，从而实现对更多知识的吸收，以及对复杂系统深层次的运动机理和规律性的认识。正是因为虚拟现实技术具有构想性，才能够在对事物进行认识和对自然进行模拟的过程中被应用，以对自然实现更好的适应和利用。

虚拟现实技术，能够为使用者提供具有交互性、沉浸性和构想性的信息环境，使人不是仅靠听读文字或数字材料获取信息，而是通过与所处环境的交互作用，利用人本身对接触事物的感知和认知能力，以全方位的方式获取各式各样表现形式的信息。因此，虚拟现实技术为众多应用问题提供了崭新的解决方案，有效地突破了时间、空间、成本、安全性等诸多条件的限制，人们可以去体验已经发生过或尚未发生的事件，可以进入实际不可达或不存在的空间。

第二节 虚拟现实系统的组成与分类

一、虚拟现实系统的组成

虚拟现实的构建目标在于借助高性能、高度集成的计算机软、硬件及各类先进的传感器，构建一个能够让用户深度沉浸的、进行各种交互的虚拟环境。通常而言，完整的虚拟现实系统从组成上看有虚拟世界数据库及其相应工具与管理软件，以高性能计算机为核心的虚拟环境生成器，以头盔显示器为核心的视觉系统，以语音识别、声音合成与声音定位为核心的听觉系统，以方位跟踪器、数据手套和数据衣为主体的身体方位姿态跟踪设备，以及味觉、嗅觉、触觉与力反馈等功能子系统。

从功能模块上看，虚拟现实系统有检测、反馈、传感器、控制与建模等功能模块。

（1）检测模块。对用户的操作命令进行检测，并借助传感器模块与虚拟环境进行交互。

（2）反馈模块。对来自传感器模块信息进行接收，为用户提供实时反馈。

（3）传感器模块。对用户的操作命令进行接收，并将其作用于虚拟环境，还通过各种反馈的形式为用户提供操作结果。

（4）控制模块。控制各种传感器，使其作用于用户、虚拟环境和现实世界。

（5）建模模块。对现实世界组成要素的三维表示进行获取，并对相应的虚拟环境进行构建。

二、虚拟现实系统的分类

虚拟现实系统根据交互性和沉浸感以及用户参与形式的不同，一般分为桌面式、沉浸式、增强式和分布式四种类型。

（一）桌面式虚拟现实系统

桌面式虚拟现实系统（desktop VR）借助个人计算机或初级图形工作站，以计算机屏幕作为用户观察虚拟世界的一个窗口，采用立体图形、自然交互技术产生三维立体空间的交互场景，用户通过包括键盘、鼠标和三维空间交互球等在内的各种输入设备操纵虚拟世界，实现与虚拟世界的交互。

桌面式虚拟现实系统又称窗口 VR，是非完全投入式虚拟现实系统，是一套基于普通 PC 平台的小型桌面虚拟现实系统。其可以借助中低端图形工作站及立体显示器，对虚拟场景进行生成。用户通过位置跟踪器、数据手套、力反馈器、三维鼠标或其他手控输入设备，可从视觉上感觉到真实世界，并通过某种显示装置，如图形工作站，可对虚拟世界进行观察。用户可对视点做六自由度平移及旋转，可在虚拟环境中漫游。桌面式虚拟现实系统主要用于 CAD（计算机辅助设计）/CAM（计算机辅助制造）、民用设计等领域。

桌面式虚拟现实系统的特点是结构简单、价格低廉、经济实用、易于普及推广，但沉浸感不高。

（二）沉浸式虚拟现实系统

沉浸式虚拟现实系统（immersive VR）是一种高级的、较理想的虚拟现实系统，能够使用户完全沉浸其中，如同处于现实世界。该系统需先借助洞穴式立体显示装置（CAVE 系统）或头盔式显示器（HMD）等设备，封闭用户关于时间的感觉，以及听觉等感觉，再借助三维鼠标、数据手套、空间位置跟踪器等输入设备和视觉、听觉等输出设备，构建一个新的、虚拟的感觉空间，借助语音识别器实现系统主机对用户操作命令的识别、接收和反应。除此之外，借助相应的跟踪器对用户的头、手、眼进行追踪，这样随着用户的动作，系统能够使虚拟环境发生实时的变化，用户自然会如同真的进入了某个环境，把身心都投入进去。当前较为流行的沉浸式系统主要包括基于头盔式显示器的系统和立体投影式虚拟现实系统。

沉浸式系统把用户的个人视点完全沉浸到虚拟世界中，又称投入式虚拟现实系统。在投入式系统中，以对使用者头部位置、方向做出反应的计算机生成的图像代替真实世界的景观。用户可做能在工作站上完成的任何事，其明显长处是完全投入。当具备结合模拟软件的额外处理能力后，使用者就可交互地探索新景观，体验到实时的视觉回应。和桌面式虚拟现实系统相比，沉浸式虚拟现实系统硬件成本相对较高，封闭的虚拟空间能提供高沉浸感的用户体验，适用于模拟训练、教育培训与游戏娱乐等领域。

虚拟现实影院（VR theater）就是一个完全沉浸式的投影式虚拟现实系统，用几米高的六个平面组成的立方体屏幕环绕在观众周围，设置在立方体外围的六个投影设备共同投射在立方体的投射式平面上。用户置身于立方体中可同时观看由五个或六个平面组成的图像，完全沉浸在图像组成的空间中。

（三）增强式虚拟现实系统

增强式虚拟现实系统（augmented VR）也就是增强现实（augmented reality，简称 AR），是一个较新的研究领域，是一种利用计算机对用户所看到的真实世界产生的附加信息进行景象增强或扩张的技术。具体来说，增强现实系统是利用附加的图形或文字信息，对周围真实世界的场景动态地进行增强，把真实环境和虚拟环境组合在一起，使用户既可以看到真实世界，又可以看到叠加在真实世界的虚拟对象。

增强式虚拟现实系统又称叠加式虚拟现实系统，它在允许用户对现实世界进行观察的同时，将虚拟图像叠加在现实世界之上。增强现实技术能够对摄像机影像的位置及角度进行实时计算，并将相应的图像加上去，对现实和虚拟世界两类信息进行“无缝”集成，其将通过屏幕把虚拟世界套入现实世界并实现互动作为目标。这一技术可以对现实世界内容进行显示，还可以体现虚拟信息内容，这些信息内容可以相互补充和叠加。在视觉化的增强现实中，用户需要在头盔显示器的基础上，促使真实世界能够和电脑图形之间重合在一起，在重合之后可以充分看到真实的世界围绕着它。增强现实技术中主要有多媒体和三维建模以及场景融合等新的技术和手段，增强现实所提供的信息内容和人类能够感知的信息内容之间存在着明显不同。

增强现实包括三大技术要点，分别是三维注册（跟踪注册技术）、虚拟现实融合显示、人机交互。从过程上来看，先利用摄像头和传感器采集真实场景的数据，再利用 AR 头盔显示器或智能移动设备上的摄像头、陀螺仪、传感器等配件对用户在现实环境中的空间位置变化数据进行实时更新，并且得出两种场景的相对位置，对坐标系进行对齐，开展两种场景的融合计算，最后为用户提供相应的合成影像。借助 AR 头盔显示器或智能移动设备上的交互配件，用户可以进行控制信号的采集，开展人机互动并做出信息更新，开展增强现实的交互操作。在该系统中，三维注册位于最核心的位置，这指的就是将现实场景中二维或三维物体作为标识物，实现两种场景信息的对位匹配，也就是虚拟物体的位置、大小、运动路径等与现实环境必须完美匹配，实现虚实相生。

例如，战斗机驾驶员使用的头盔显示器可让驾驶员同时看到外面世界及叠置的合成图形。额外的图形可在驾驶员对机外地形视图上叠加地形数据，可以是高亮度的目标、边界或战略陆标（landmark）。增强现实系统的效果在很大程度上依赖于对使用者及其视线方向的精确的三维跟踪。

（四）分布式虚拟现实系统

分布式虚拟现实系统（distributed virtual reality，简称 DVR），又称为网络虚拟现实系统（networked virtual reality，简称 NVR），是虚拟现实技术和网络技术结合的产物。其目标是建立一个可供异地多用户同时参与的分布式虚拟环境（distributed virtual environment，简称 DVE）。分布式虚拟环境，指用户们在同样的时间内能够处于同一个虚拟环境，借助计算机彼此交互，开展操作和信息共享，最终实现协同工作。

分布式虚拟现实系统建立在沉浸式虚拟现实系统的基础上，位于不同物理位置的多台计算机及其用户，可以不受其各自的时空限制，在一个共享虚拟环境中实时交互、协同工作，共同完成复杂产品的设计、制造、销售全过程的模拟或某一艰难任务的演练。它特别适合用于实现对造价高、危险、不可重复、宏观或微观事件的仿真。例如，用于部队联合训练的作战仿真互联网，或者异地的医科学生通过网络对虚拟手术室中的病人进行外科手术。

DVR 系统有图形显示器、通信和控制设备、处理系统和数据网络等四个基本组成部件。DVR 系统的五个主要特征如下。

（1）共享的虚拟工作空间；

（2）伪实体的行为真实感；

（3）支持实时交互，共享时钟；

（4）多个用户以多种方式相互通信；

（5）资源信息共享以及允许用户自然操作环境中的对象。

分布式虚拟现实系统能够在多个领域应用并发挥良好作用，如远程教育、工程技术、建筑、交互式娱乐等。

第三节　虚拟现实的发展历程

2016年被产业界称为“虚拟现实元年”①，也许在很多人看来虚拟现实是这些年研发的新技术，但并非如此，其最初起源于美国。虚拟现实技术演变发展史大体上可以分为以下四个阶段。

（1）萌芽与诞生阶段（20世纪30年代至70年代末），有声形动态的模拟是孕育虚拟现实思想的第一阶段，为VR技术的探索时期。

（2）初步发展阶段（20世纪80年代），虚拟现实应用于军事与航天领域，虚拟现实概念产生和理论初步形成，VR技术从研发开始进入系统化应用时期。

（3）高速发展阶段（20世纪90年代至21世纪初），虚拟现实理论进一步完善，以游戏、娱乐、模拟应用为代表的民用应用高速发展，VR在Internet上的应用兴起。

（4）大众化与多元化应用阶段（21世纪以来），VR技术与文化创意产业、3D电影、人机交互、增强现实等集成应用，虚拟现实产业化发展。

一、虚拟现实思想的萌芽与诞生

虚拟现实技术的诞生可以追溯到20世纪，1930年前后至1980年前后的这个时期就是其萌芽阶段，虚拟现实思想最初蕴含于有声形动态的模拟，此时的技术仍在探索中，而非当今这样完整的概念。

最早体现虚拟现实思想的设备当属1929年美国科学家埃德温·林克（Edward Link）设计的室内飞行模拟训练器，乘坐者的感觉和坐在真的飞机上的感觉是一样的。

1935年，美国著名科幻小说家斯坦利·温鲍姆（Stanley G.Weinbaum）发表了小说《皮格马利翁的眼镜》（*Pygmalion's Spectacles*），书中描述主角精灵族教授阿尔伯特·路德维奇发明了一副眼镜，只要戴上眼镜，就能进入电影当中，看到、听到、尝到、闻到和触到各种东西。你就在故事当中，能跟故事中的人物交流，那么你就是这个故事的主角。这是学界认为对“沉浸式体验”的最初详细描写，是以眼镜为基础，涉及视觉、嗅觉、触觉等全方位沉浸式体验的虚拟现实概念萌芽。

① 刘音，王志海．计算机应用基础[M]. 北京：北京邮电大学出版社，2020.

1957 年，美国电影摄影师摩登·海里戈（Morton Heilig）开始了对 Sensorama（传感影院仿真器）的立体电影原型系统的建造。1962 年，世界上第一台 VR 设备出现，这款设备需要用户坐在椅子上，把头探进设备内部，通过三面显示屏来形成空间感，从而形成虚拟现实体验（图 1-3-1）。同年，摩登·海里戈申请了专利“全传感仿真器”。虽然该设备不具备交互功能，但摩登·海里戈仍被视为“沉浸式 VR 系统”的实践先驱。

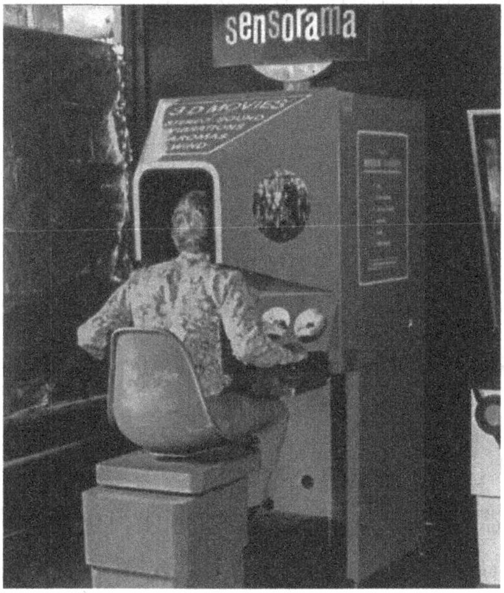

图 1-3-1　传感影院仿真器

1965 年，被称为“计算机图形学之父”与“虚拟现实之父”的美国科学家伊凡·苏泽兰（Ivan Sutherland）在国际信息处理联合会（IFIP）会议上发表的一篇名为《终极的显示》（The Ultimate Display）的论文，他在其中第一次提出了虚拟现实基本思想，认为虚拟现实系统应当具有交互图形显示、力反馈设备以及声音提示功能。在他看来，显示屏幕是必不可少的，其作为窗口呈现出一个虚拟世界。他要求计算机技术要提高到这样一个水平，那就是窗口中的虚拟世界要在影像、声音和行动上高度真实。1968 年，他研发出一款头戴式显示器，将其立体视觉系统命名为“达摩克利斯之剑”，这就是人类历史上最早的真实的虚拟和增强现实设备之一，可以对简单的几何图形网格进行呈现，并将其对佩戴者周围的环境进行覆盖。

1966 年，美国麻省理工学院（MIT）的林肯实验室收到海军科研办公室的资助，开始研制头盔式显示器（HMD）。制作出第一个样机后，很快又被添加了一种力反馈装置，它可以对力量和触觉进行模拟，并在 1970 年，将世界上第一个功能较齐全的 HMD 系统研究制作了出来。

二、虚拟现实的初步发展阶段

20 世纪 80 年代是虚拟现实技术从实验室走向系统化实现的阶段，此阶段虚拟现实概念产生和理论初步形成，在军事与航天领域出现了一些比较典型的虚拟现实应用系统。

1983 年，美国国防高级研究计划局（Defense Advanced Research Projects Agency 简称 DARPA）和美国陆军共同为进行坦克编队作战训练而开发了一个实用的虚拟战场系统 SIMNET。其中的所有模拟器都可以对 M1 坦克的全部特性进行单独模拟，如导航、武器、传感和显示等性能。目前北大西洋公约组织（NATO）计划将海战、空战仿真系统与 SIMNET 结合，把各个不同国家的兵力汇入 SIMNET 而成为一个虚拟战场。

20 世纪 80 年代，美国宇航局（NASA）及国防部在太空探索领域使用了该技术，如航天运载器外的空间活动研究、空间站自由操纵研究和对哈勃空间站维修的研究等系列研究项目。1984 年 NASA Ames 研究中心虚拟行星探测实验室的麦格里维（M.McGreevy）和吉姆·汉弗莱斯（Jim Humphries）共同将对火星进行探测的虚拟环境视觉显示器研发制作了出来，并将其投入使用，通过借助计算机，结合火星探测器所搜集发送的信息，对火星表面的三维环境进行生成。第二年，NASA 又将一款安装在头盔上的 VR 设备开发制作了出来，也就是“VIVEDVR”，该设备具有一块中等分辨率的 2.7 英寸液晶显示屏，能够对头部运动进行实时追踪。这一设备的使用，帮助宇航员通过 VR 的模拟环境提升了对太空环境的适应能力，以便更好地工作。1987 年，吉姆·汉弗莱斯设计了双目全方位监视器的最早原型。

1989 年，美国生产数据手套的 VPL 公司创始人杰伦·拉尼尔正式提出了用“virtual reality”来表示虚拟现实一词，致力于进行虚拟现实技术的商品化，在该技术的革新和应用方面作出了重要贡献。

1990 年，举办于美国的 SIGGRAPH（计算机图形图像特别兴趣小组）会议，对 VR 技术研究的主要内容进行了讨论，将其明确为实时三维图形生成技术、多传感器交互技术和高分辨率显示技术，这使得该技术的发展有了更为清晰的方向。

三、虚拟现实的高速发展阶段

20 世纪 90 年代至 21 世纪初为虚拟现实技术高速发展阶段。从 20 世纪 90 年代开始，计算机软硬件的发展为虚拟现实技术的发展打下了基础，虚拟现实理论进一步完善，游戏、娱乐、模拟应用为代表的民用应用以及 VR 在 Internet（因特网）上的应用逐渐盛行，关于 VR 技术的研究，不仅仅是官方组织、国家机构在着力进行，社会上的高科技企业也参与了这股热潮，如世界上第一套传感数据手套就是美国 VPL 公司研究制作的，其名为“Data Gloves”，同样如此的还有第一套 HMD，其名为“Eye Phones（眼动仪）”。

1991 年，在 IBM（生物技术与微电子研究所）研究室的协助下，美国 Virtuality（虚拟世界）公司开发了虚拟现实游戏系统“VIRTUALITY（虚拟世界）”，玩家可以通过该系统实现实时多人游戏，由于价格昂贵及技术水平限制，该产品并未被市场接受。

1992 年，美国一公司开发出“World Tool Kit（世界工具包）”，简称“WTK”。WTK 是一个虚拟现实软件工具包，它让虚拟现实系统的开发周期大幅缩短。也是这一年，美国另一公司推出墙式显示屏自动声像虚拟环境（CAVE）。CAVE 是世界上第一个基于投影的虚拟现实系统，它把高分辨率的立体投影技术、三维计算机图形技术和音响技术等有机地结合在一起，产生一个完全沉浸式的虚拟环境。

1993 年，美国波音公司推出了波音 777 飞机，其在设计过程中就融入了虚拟现实技术。该型号飞机包括 300 万以上的零部件。如此庞大的数量反映出该飞机设计工作的复杂程度，而这正是应用了虚拟环境系统才顺利完成的，是于虚拟环境中进行了相关的设计、制造和装配，才最终确定设计方案的。借助特定的设备，设计师能够进入虚拟飞机环境，对其整体和细节上的设计进行多角度的研究和调整，并且这种虚拟被现实中进行的工作证明了与真实情况毫无差异。该系统的应用有效降低了设计难度，提升了设计效率，实现了上市周期的最短化，在成本和竞争力方面带来了巨大的优势。

1994 年，第一届国际互联网大会于瑞士日内瓦召开，关于网络传输的虚拟现实建模语言（virtual reality modeling language，简称 VRML）的构建，以及三维网络的界面构建，与会者达成了共识。次年，VRML1.0 版本面世，1996 年，又基于此版本进行优化，将之升级为 2.0 版本，相比之前，多了场景交互、多媒体支持，具备了碰撞检测等功能，次年，其通过了国际标准化组织的认可，成为国际标准，名字改为 VRML97。

VRML 具有多方面的优势，国外部分公司会将它用在对因特网的虚拟场景构建方面。美国海军研究生学校（Naval Postgraduate School）与美国地质调查局（USGS）共同开发了基于 VRML 的蒙特利海湾（Monterey Boy）的虚拟地形场景；NASA 的 Goddard 航天飞行中心同样基于此进行了系统设计，实现了对墨西哥西海岸的 Linda 飓风的实时监测和演示。此外，阿伯纳西（Abernathy）与肖（Shaw）将其用于地形、影像及 GPS 定位数据建模，最终成功设计出套用于演示旧金山海湾地区公路长跑接力赛的系统等。

1995 年，日本任天堂（Nintendo）公司推出的 32 位携带游戏的主机“Virtual Boy”是游戏界对虚拟现实的第一次尝试，其技术原理是将双眼中同时产生的相同图像叠合成用点线组成的立体影像空间，但限于当时的技术，该装置只能使用红色液晶显示单一色彩。可惜由于理念过于前卫以及当时本身技术力的局限等原因，不久就销声匿迹，此后 VR 设备似乎就再也没有掀起过热潮。

四、虚拟现实的大众化与多元化应用

进入 21 世纪后，大众化和多元化成为虚拟现实应用的大趋势。其系统和设备越发完善，所需的特殊设备价格持续降低，因此虚拟现实的应用相比之前较为普遍，在多个领域发挥作用，如教育、娱乐、科技、建筑等。从软件方面看，虚拟现实技术发展十分迅速，出现了很多较为完善的 VR 软件开发系统。21 世纪以来，相关高科技的革新，为 VR 技术的发展注入了活力，如 XMLJAVA、3D 计算能力和交互式技术，VR 技术不管是在渲染质量还是在传输速度上都有了较大的突破，开启了新的发展阶段。该技术的应用不再是单一的，而是集成于文化创意产业、3D 电影等等，并迈进产业化阶段。

对于该技术的研发和应用，除美国之外还有诸多国家十分重视，如英国、德国、西班牙等等，这些国家对此投入很大的力量，也收获了较多的科技成果，如西班牙的多用户虚拟奥运会、德国的虚拟空间测试平台。

同上述发达国家相比，我国虚拟现实技术研究时间比较短，仅有 30 多年，但是其备受政府重视，特别是近年我国推出了相关的研究计划，并把其纳入国家重点研究项目，更加全面地对其应用和研究。VR 技术在我国最初是在军事和航天领域得以应用。

在国内，北京航空航天大学对该技术的研究是最早的，也是最具权威性的机构之一，早在 2000 年就组建了虚拟现实新技术教育部重点实验室。其计算机系虚拟现实与可视化新技术研究室建立了分布式虚拟环境网络（distributed virtual environment NETwork，DVENET），并应用于虚拟现实及其相关技术研究和教学。

浙江大学心理学国家重点实验室联合美国 IBM 公司和故宫博物院开发了虚拟故宫在线旅游系统，浙江大学 CAD（计算机辅助设计）&CG（计算机图学）国家重点实验室成功完成了对桌面虚拟建筑环境实时漫游系统的设计，并且成功研判出在虚拟环境中一种新的快速漫游算法和一种递进网格的快速生成算法。

清华大学致力于虚拟现实及其临场感的探索，如球面屏幕显示和图像随动、克服立体图闪烁的措施及深度感实验测试等。

西安交通大学信息工程研究所则是专注于立体显示技术，这在虚拟现实技术中占据着关键性地位，提出一种基于 JPEG 标准压缩编码新方案，实现了高压缩比，提高了信噪比，极大地加快了解压缩速度。此外，哈尔滨工业大学、国防科技大学、装甲兵工程学院、中科院软件所、上海交通大学等单位也进行了不同领域、不同方面的 VR 研究工作。该技术较为普遍地应用于医疗、建筑、教育和娱乐等领域。

2008 年 2 月，美国国家工程院（NAE）公布了一份题为《21 世纪工程学面临的 14 项重大挑战》的报告。其中就包括虚拟现实技术，此外还有新能源、新药物等。很多先进国家和实力雄厚的集团企业都不约而同地投入了大量的资源，希望在虚拟现实技术方面占据优势。

2012 年，美国 Oculus（傲库路思）公司通过网络众筹共募集资金 160 万美元，2014 年被 Facebook（脸书）以 20 亿美元的天价收购。而当时 Unity 作为第一个支持 Oculus（傲库路思）眼镜的虚拟现实开发引擎，吸引了大批开发者投身 VR

项目的开发中。

2014 年 4 月，谷歌公司发布了一款“拓展现实”的眼镜，虽然这和普遍意义上的 VR 有些区别，但是在人机交互、开拓全新的现实视野上受到好评。

进入 2016 年，虚拟现实热潮一波接一波。2016 年 3 月，Oculus（傲库路思）公司产品 Oculus Rift（虚拟现实眼镜）正式上市销售；微软公司产品 HoloLens（开发者版）开始销售；索尼公司产品 PlayStation VR 正式公开；2016 年 4 月，HTC（宏达）公司产品 HTC Vive（宏达万岁）上市销售；同时，我国发布《虚拟现实产业发展白皮书 5.0》，2016 年 5 月，虚拟现实和增强现实国家及行业标准开始研究与制定。随着 HTC（宏达）、微软、Facebook（脸书）、SONY（索尼）、AMD（超威半导体公司）、三星等国际知名品牌相继布局 VR 领域，VR 产业生态逐渐完善，消费者对于产品的认知也逐渐深化、成熟。业内普遍认为，“虚拟现实元年”已经到来。

虚拟现实是一项发展中的、具有深远的潜在应用方向的新技术，工作中使用该技术，我们将能够更加简单高效地完成任务，娱乐中使用该技术，也能够获得更多乐趣和享受，日常生活也会因此变得更加便利和丰富，只要发挥自己丰富的想象力，在电脑前就可以实现与大西洋底的鲨鱼嬉戏、参观非洲大陆的天然动物园、感受古战场的硝烟与刀光剑影。

虚拟现实发展前景十分诱人，而与 5G 网络通信的结合，更是人们所梦寐以求的。毫无疑问，虚拟现实已经且必将对如今的思维方式产生影响和改变，甚至是让我们对物我、时空形成全新的认识。

虚拟现实仍然存在着提高 VR 系统的交互性、逼真性和沉浸感的必要，在新型传感器和感知机理、几何与物理建模新方法、高性能计算，特别是高速图形图像处理，以及人工智能心理学、社会学等方面都有许多挑战性的课题有待研究解决。

第四节　虚拟现实的产业分析

2016 年以来，我们可以发现，关于虚拟现实的消费在不断升级，市场中相关的产品也在持续更新换代，这正说明了，虚拟现实已经成为热点产业，可以说，消费端智能穿戴产品的出现成为虚拟现实产业化起点。

一、虚拟现实产业链

虚拟现实产业链是庞大和复杂的，从分类看，主要包括硬件设计开发、软件设计开发、内容设计开发和资源运营平台服务。硬件设备与关键零部件有处理器芯片、显示器件、光学器件、传感器等。软件有操作系统、软件工具包（SDK）、用户界面、中间件等。设备有主机系统（PC、一体机、手机）、显示终端、交互终端，还有内容采集与编辑的终端设备等。应用与内容制作有行业应用软件的开发和内容的制作、分发等。

虚拟现实产业链上游包括制造 VR 眼镜、VR 头盔等必需的硬件材料。例如，各类传感器、芯片、摄像头、定位器、密封件、显示屏等等。产业链中游则包括 VR 眼镜、VR 头盔等技术应用必需的终端设备和相关软件。产业链下游为 VR 应用，如游戏、视频等 VR 内容等服务。

从应用需求角度出发，虚拟现实主要包括企业级和消费级两种，即 2B 和 2C。从名字上就可以看出，后者与市场结合得更加紧密，这也是市场持续火爆的一大力量；后者的应用主要是借助企业、政府等的共同助力，其作用主要体现于促使 VR 与众多行业形成联动效应，从而推进社会生产方式的变革。

虚拟现实产业链内部包括很多细分领域，其链条节点是内容制作与分发平台。像智能穿戴设备等硬件，其收费只有一次，而 VR 内容服务则能够带来多样的、多次的收费。分发运营分为线上和线下两种模式，前者包括 APP、游戏下载、视频点播和广告植入等形式；后者主要是体验店、游乐园等，其发展前景光明。

如今，虚拟现实关键技术仍在持续更新和变革，其与其他产业的融合仍在深化，由此，出现很多行业和领域的虚拟现实应用系统，进而助推网络与移动终端应用实现新发展，也为行业、产业升级注入了活力。虚拟现实能够在国防军事、航空航天、智慧城市、装备制造、教育培训、医疗健康、商务消费、文化娱乐、公共安全、社交生活、休闲旅游、电视直播等方面发挥作用。

由于 5G 通信时代有边缘计算、网络切片等技术，5G 在高带宽、高传输率、低延时等方面技术性能的提高给虚拟现实的应用带来了解决方案。在 5G 时代，画面质量、图像处理、眼球捕捉、3D 声场、人体工程等都会有重大突破，将进一步提升虚拟现实产业发展速度。

二、虚拟现实产业主要厂商

虚拟现实产业呈现爆发式增长，越来越多的企业加入VR产业中，国外知名的VR虚拟现实厂商有Oculus（傲库路思）、谷歌等，国内也涌现出京东方、HTC（宏达）、蚁视科技、3Glasses、暴风科技等知名企业。中国A股市场上虚拟现实概念上市公司有100余家，其中10多家在上海证券交易所交易，另外80多家均在深圳证券交易所交易，如联创光电（600363）、暴风集团（300431）、水晶光电（002273）、歌尔股份（002241）、利达光电（002189）、顺网科技（300113）、完美世界（002624）、岭南股份（002717）、巨人网络（002558）等。

国内外虚拟现实产业链的各环节重点企业当中，国外VR生态架构呈梯队分布，第一梯队是国际知名的科技企业，如Facebook（脸书）、谷歌、微软、索尼等，并且其各环节都有企业的身影，行业开源信息丰富，形成了清晰的链条，我国企业主要分布于设备制造环节，显示器件国内以开始布局为主，VR用高清晰OLED屏，技术上尚未完全攻克，不能稳定量产。处理器芯片、高端传感器件、软件与应用内容开发方面，我国企业数量少。

三、虚拟现实产业发展特点

基于技术和消费需求两方面呈现出的大好形势，从增速上看，虚拟现实产业市场规模有着广阔的前景。2018年，其规模不断扩大，Greenlight Insights（绿灯洞见）对其整体规模进行了预测，该年全球市场规模至少为700亿元，同比增长126%。其中，虚拟现实与增强现实思维整体市场分别为至少600亿元和至少100亿元，两者对应的内容市场分别约为200亿元和80亿元。

（一）国外虚拟现实产业发展特点

1. 巨额投资刺激产业链的各个环节快速发展

现阶段，谷歌、苹果等科技巨头公司都十分关注虚拟现实产业，采取投资、并购、孵化等手段对其产业链布局进行介入，HTC（宏达）、三星等知名企业紧随其后，对虚拟现实技术进行了大力发展。2014年和2015年，虚拟现实领域迎来了巨量的投资，仅VR和AR领域就有35亿美元之上的投资额，为虚拟现实各环节的发展提供了强有力的支持。

2. 产业生态构建成龙头企业发展重点

从盈利模式上看，虚拟现实和智能手机有很多契合点，所以，其主流要求就是对硬件商、消费者、开发者三方共赢的“平台＋应用”闭环生态圈进行构建。Facebook（脸书）和三星通过软硬件优势互补，在虚拟现实产品方面开展深入合作。索尼围绕现有游戏主机构建开放应用开发平台，从内容和应用端发力完善生态体系。

3. 发展重点开始向行业应用转移

当下虚拟现实还不够普及，预计要 2~3 年以上的时间才能够达到足够的普及度，同时相关产品在沉浸感上还有所不足。所以，仅通过消费端市场，厂商所取得的硬件销售利润并不多，这就促使其将目光转向行业应用端，将重心放在为行业用户提供解决方案和培训业务上。

4. 虚拟现实相关标准体系加速建立

我们可以看到，虚拟现实领域，消费需求持续增加，与此同时，大量资本投入，在这两股力量的作用下，相关技术将能够快速实现成熟，其设备的标准体系也会形成并完善。屏幕刷新率、屏幕分辨率、延迟时间，以及软件开发工具、数据接口、人体健康适用性等事实标准将逐步确立，这为用户带来的是体验感的显著优化。关于其发展，业内形成了虚拟现实设备之间、设备和应用之间互联互通的共识，其内容开发平台生态架构趋于完善。虚拟现实应用和引擎将能够运行于不同虚拟现实设备，虚拟现实感应器和显示屏与不同的驱动程序获得良好兼容，进而将能够有效地解决行业碎片化问题。

（二）国内虚拟现实产业发展特点

关于类别，我国虚拟现实企业主要有二，一是成熟行业利用自身所具备的传统软硬件优势，或者内容优势，渗透于虚拟现实领域，其中智能手机等硬件厂商更加偏重于立足硬件进行布局；二是新型虚拟现实产业公司，分别有生态型公司、平台型公司和初创型公司，在互联网厂商的引领下，对从硬件到生态的各领域进行布局。当前我国的虚拟行业发展特点如下。

1. 资本市场前景良好，融资创新积极性较高

据 IDC（互联网数据中心）预测，从出货量看，预计到 2026 年，中国消费级 VR 出货量将近 700 万台；从投资规模看，2021 年中国 AR/VR 市场 IT 相关支

出规模约为 21.3 亿美元，将在 2026 年增至 130.8 亿美元，VR 技术在 2022—2026 的五年预测期内仍是用户关注的主要领域，将吸引 70% 左右的 AR/VR 市场相关投资；从技术维度来看，中国 AR/VR 头显市场硬件产品升级趋势仍将延续，硬件市场五年预测期内将以 47.8% 的复合增长率稳步增长，并持续占据中国 AR/VR 市场支出份额的一半以上。

2. 内容开发受市场认可，线下体验馆的数量增长迅速

从设备看，移动端 VR 眼镜依旧是国内的主流，因此在开发内容上，相比 VR 游戏内容，VR 视频内容更受欢迎和重视。除此之外，国内 VR 线下体验馆数量激增，如今，其数量已经超过了 3000 家。

3. 初创企业集结，巨头企业观望

在当前的虚拟现实领域，存在着硬件设备尚未统一、产业链和标准仍需健全、内容和沉浸式体验不足、用户群小众等局面，这也导致了尽管有很多初创企业进入了行业，但是巨头企业仍旧处于观望状态，投资也多为天使轮。参考 O2O 初期阶段的发展，国内虚拟现实创业目前属于资本导向下的试探发展，只要某个细分领域呈现爆发的苗头，巨头企业就会蜂拥而上。

当前虚拟现实产业仍旧没有获得爆发机会，究其原因有五点：首先是技术不够成熟，很多共性技术难题没有得到较好的解决，没有实现广视角、低眩晕、低延时等；其次是演进路径不够清晰，没有在桌面端和移动端之间、VR 和 AR 之间出现明显方向；再次是产业链没有提供足够的支持，不管是硬件、内容还是应用都需要进一步发展；然后是消费者不够认可，这主要是受体验感、使用习惯和价格的影响；最后是行业应用推广度不够，没有找准突破口打开行业端市场。

因此，我国虚拟现实产业发展可以参考如下建议。

（1）对顶层设计进行加强，面向行业需求，进行应用路径定义的规划和若干典型应用场景的构建，对应用需求进行明确。

（2）着力重点攻关，早日解决行业应用技术难题。组织产、学、研、用各机构集中力量解决关键共性技术问题，鼓励开发具有更好使用体验的创新型产品。

（3）制定标准规范，开展行业应用联合测试验证。构建和完善虚拟现实技术、产品和系统评价指标体系，对相应的评价工具进行开发，为虚拟现实产品性能和质量提供保障。

（4）推进试点示范，以点带面扩大行业应用范围和影响力。对典型示范案例进行推广宣传，提高相关企业、产品和品牌影响力，进一步推动其市场化应用。

第二章　虚拟现实系统的硬件设备

为了实现用户与虚拟世界的自然交互，即用户要看到立体的图像，听到三维的虚拟声音，也要对人的运动位置与轨迹进行跟踪，依靠传统的键盘与鼠标是无法达到的，必须应用一些特殊设备才能得以实现，所以说要建立一个虚拟现实系统，硬件是基础。

本章主要内容为虚拟现实系统的硬件设备，分别为感知设备、基于自然的交互设备、三维定位跟踪设备、虚拟世界生成设备四部分。

第一节　感知设备

人通过虚拟现实系统，进入虚拟世界后，若要让人如同身临其境、沉浸其中，就不能没有相应的感觉的获得，虚拟世界要能够根据人的动作等使其在视觉、触觉、味觉等方面获得相应的感受。但是由于当前技术水平限制，成熟或相对成熟的感知信息产生和检测技术，仅涉及视觉、听觉和触觉（力觉）三种。

感知设备主要是在虚拟世界中发生作用，把感知信号转变为人所能接受的多通道刺激信号。当前的感知设备主要有视觉、听觉和触觉（力觉）三种，味觉感知设备和嗅觉感知设备仍需要进一步研究。

一、视觉感知设备

视觉感知设备针对眼睛的视觉体验，能够对立体的、宽视野的场景以及场景的实时变化进行模拟显示，将此提供给用户。视觉感知设备主要有头盔显示器、洞穴式立体显示装置、响应工作台显示装置、墙式立体显示装置等。此类设备相对来说比较成熟。

人从外界获得的信息，有 80% 以上来自视觉，人类要感知世界，视觉感知是最主要的。在虚拟现实系统中，视觉感知设备是主流的，同样其成熟度也最高。其常见的有桌面立体显示系统、头盔显示器、洞穴式立体显示装置等。下面介绍几种典型的应用产品。

（一）桌面立体显示系统

立体显示器是一种基于人眼立体视觉机制的新一代自由立体显示设备，其可以借助多通道自动立体显示技术，在没有助视设备的情况下，就为用户提供完整深度信息的图像。

最简单的立体显示系统由立体显示器和立体眼镜组成，其原理是：立体显示器以一定频率交替生成左、右眼视图，在戴上立体眼镜之后，用户的双眼分别只能看到对应的视图，这样人眼视觉系统就会生成立体图像。一般来说，显示器的刷新频率有一定的要求，至少为 120Hz，也就是左、右眼视图刷新率至少为 60Hz，这样才能获得稳定的图像。

桌面立体显示系统的眼镜包括有源眼镜和无源眼镜两类，前者又称为主动立体眼镜，后者又称为被动立体眼镜。

有源立体眼镜包括有线与无线两种。前者借助一根电缆线连接于主机，后者的镜框上带有电池及由液晶调制器控制的镜片。眼镜不同，所匹配的立体显示器也有所区别，前者的立体显示器带有红外线发射器，显示器在进行视图生成时会有一定频率，红外线发射器会基于其进行红外线控制信号的发射，对信号进行接收后，眼镜的液晶调试器就会对两边镜片液晶进行通断的控制，镜片的透明情况就会发生变化。例如，当右眼视图生成时，接收信号的眼镜会调节镜片透明情况，此时左边的镜片不透明而右边的镜片透明。这样根据显示器对镜片进行调节，双眼分别看到对应的视图，以达到立体的效果。相比之下，有源立体显示系统在图像质量上有优势，然而却存在着价格过高、红外线控制信号易干扰，以及电缆长度等因素的阻碍，所以其适用范围较小，一般小区域、观众少的情况下才能够使用。

此类桌面立体显示系统价格便宜，使用方便，适用于教育、医学或科学研究、商业活动、航训模拟等领域。下面介绍两种常见的立体显示系统。

1.ZSpace（极空间）立体显示系统

由美国 ZSpace（极空间）公司研发的 ZSpace S（极空间 · S）系列的桌面立

体显示系统是一款融合了 AR 和 VR 的一体式桌面显示系统，它由定制化的一体 PC、立体眼镜以及触摸笔组成。该设备在显示屏中内置了跟踪传感器，传感器不仅可以跟踪 ZSpace（极空间）触摸笔和眼镜，也可以进行深度感知，对使用者作出相应的反馈，比如当使用者倾斜头部环顾对象时，ZSpace（极空间）会动态更新以修正显示视角，高清显示正确的视图。同时该设备也支持非跟踪眼镜，触摸笔上的按钮也可以根据不同的应用程序执行不同的操作。得益于 ZSpace(极空间) 的桌面系统，它也支持键盘、鼠标等其他设备。

除了桌面端的 ZSpace S（极空间 · S）系列，ZSpace（极空间）公司还研发了针对移动便携使用的 ZSpace（极空间）笔记本式计算机，ZSpace（极空间）笔记本式计算机提供了一对极化跟踪眼镜，将低功耗、高性能 AMD 嵌入式加速处理单元（APU A9-9420）与 AMD 嵌入式 Radeon（镭龙）图形液晶显示器 Liquid VR 技术相结合。其硬件配置有 256GBSSSD-8GBDDR4RAM，13.5 英寸（1 英寸 =2.54cm）1920 × 1080 高清屏幕以及多种内置应用程序。它提供了令人惊叹的交互式体验，利用视觉、听觉、触觉等多种感官特性创造出自然直观的体验。

2. 未来立体 GC3000

未来立体 GC3000 是由深圳未来立体教育科技有限公司研发的一款桌面立体显示系统，主要用于教学方面。该设备由 3D 触控显示系统、红外光学追踪系统、可拔插计算机系统（OPS）和增强现实（AR）互动系统组成。3D 触控显示系统配置有偏光式 3D 立体显示器和电容式触摸屏，支持左右或上下格式的 3D 内容、一键式 2D/3D 切换、二路外部信号源输入、3D 视频播放等功能，可以实时将虚拟现实及增强现实交互场景投射至大屏幕。光学追踪系统配置有光学追踪摄像头、光学追踪眼镜、光学追踪操控笔和光学追踪服务软件。光学追踪眼镜采用无源偏振式 3D 眼镜技术，光学追踪定位点会与主机上的追踪器相配合，当移动头部环顾对象时，视角会根据头部位置实时更新输出正确的视图。光学追踪操控笔采用符合人体工学的握笔式设计，通过功能按钮实现对象选择、菜单调用等操作，内置微型振动器，可以对用户进行震动反馈，6 个自由度的感知，可以实现丰富的自然交互。该设备最具特色的一个功能是增强现实系统，该系统由 AR 摄像头和对应的软件组成，能将虚拟事物和真实环境叠加后展现出来，达到虚拟世界和真实世界合二为一的效果。

作为VR体验的一种，桌面立体显示系统是一种低成本、非沉浸式的立体显示装置，可以实现一个人进行主要操作，其他人同时立体式观看的目的，但是不能多用户协同工作。

（二）头盔显示器

头盔显示器（HMD）是虚拟现实系统中普遍采用的一种立体显示设备，在3D显示领域，其属于起源最早、发展情况也最好的技术之一，在VR显示技术方面，其应用范围也是最大的，在沉浸性上具有优势，能够进行多种形式的交互，与人眼视觉习惯十分契合，而且成本较低。

头盔显示器内含多种设备和部件，其中位置跟踪器具有关键性作用，能够对头部所处的位置和面对的方向进行实时的跟踪捕捉，并将其发送给计算机。基于其发送的信息数据，计算机能够对用户的所处位置和面对方向进行场景三维图像的生成。一般而言，头盔显示器是通过机械方法固定在用户的头部，头与头盔之间相对固定，当人的头部进行运动时，头盔显示器自然随着头部的运动而运动，同时，头盔显示器将人与外部世界的视觉、听觉封闭，引导用户产生全身心处于虚拟环境中的感觉。目前主流的头盔定位追踪技术主要有两种，分别是外向内追踪技术（Outside-in Tracking）和内向外追踪技术（Inside-out Tracking）。

头盔显示器是最早的虚拟现实显示器，其显示原理在于为双眼分别提供对应的图像在对应的屏幕上，基于这样的不同视觉信息，大脑就会对此形成立体感。它能够利用光学系统对小型二维显示器的影像进行放大处理。展开来说，在凸面透镜的折射作用下，源于小型显示器的光线会形成远方感，据此对近处物体进行放大至远处观赏，从而达到所谓的全像视觉（Hologram）。LEEP系统就是该光学系统的名字，从实质上说，它是带有极宽视野的光学系统，它的广角镜头能够贴合人眼瞳孔间距的需要，使双眼分别获得的图像能自然汇聚在一起，否则就要安装机械装置来调节光学系统左、右两个光轴的间距，这样做既麻烦，又增加了成本与重量。LEEP光学系统的光轴间距应比常人瞳孔距略小，以实现双眼图像的汇聚效应。由塑料制成的菲涅尔镜片起到使双眼图像进一步相互靠近并最终汇聚到一起的作用。

现阶段的头盔显示器主要有以下几种类型。

1. 手机 VR 盒子

手机 VR 盒子又称 VR 眼镜，是最简单、成本最低的体验设备。

在 2014 年 5 月的 Google I/O（谷歌开发者大会）大会上，谷歌公司推出了一个新设备：Google Cardboard（谷歌纸板盒），简单而言，这就是简易的虚拟现实眼镜。Cardboard（纸板盒）虽然价格十分低廉，但是能够借助手机为用户呈现出一个虚拟世界，使之领略虚拟现实的乐趣。Cardboard（纸板盒）的创制是由谷歌两位工程师大卫·科兹（David Coz）和达米安·亨利（Damien Henry）完成的。在公司“20% 时间”规定下，历经 6 个月。两人完成此实验项目，其最初的想法是让智能手机成为一个虚拟现实的体验设备。

Cardboard 纸盒内包括纸板、双凸透镜、磁石、魔力贴、橡皮筋以及 NFC 贴等部件。根据其提供的说明，花费几分钟的时间，我们就能够完成一个简易的玩具眼镜的拼制。凸透镜前部有为手机提供放置的空间，脸和鼻子能够贴合半圆形的凹槽从而埋进去。Cardboard（纸板盒）是一款入门级 VR 产品，它工作时还需要一部手机以及 Cardboard（纸板盒）的配套应用。它需要与智能手机搭配使用，目前支持市面上绝大部分屏幕尺寸在 6 英寸以下的手机。

这款纸板虚拟现实设备的安装十分简单，显示效果还是不错的。此外，谷歌还发布了工具套装 VR Toolkit（虚拟现实工具包），帮助开发者将自己的服务和应用与 Cardboard（纸板盒）相结合。谷歌表示，他们想让每个人都能以简单、有趣、廉价的方式体验虚拟现实技术。

Cardboard（纸板盒）能够在分屏显示手机图像的情况下，将带有视差的图像提供给左眼和右眼，这样双眼就会获得立体感的景象。借助手机摄像头和内置的螺旋仪，在进行头部的移动后，用户所看到的景象也会随之变化。应用程序能够让用户以虚拟现实的方式进行谷歌街景或谷歌地球的观看。

近年来，在 Cardboard（纸板盒）基础上很多公司新生产了一些 VR 盒子。为了提高耐用性、舒适性，同时达到低成本（价格几十到几百元）玩 VR 的目的，市场上出现了很多塑料成型的 VR 盒子，品牌有几十种，如暴风魔镜、小米 VR 眼镜、乐视 VR 盒子、NOLON1 手机眼镜盒子、爱奇艺小阅悦 S、大朋看看青春版、心动密语 VR 智能眼镜、小宅 Z5、乐迷 VR、极幕 VR 眼镜、三星 Gear VR 等。

近年来，VR 盒子增加了一些功能，如有的设备增加了触控操作面板或手柄，镜片改进了雾化的干扰，眼镜内部空间增大，甚至用户可以带着普通眼镜看 VR。有的甚至不再依赖手机加速计，而是内置有传感器，它每秒能取样一千次，极大地降低了头部的延迟，并根据头部的移动轨迹快速精准地变换虚拟环境，让用户体验变得更加稳定。

但 VR 眼镜看视频时画面的大小是根据手机尺寸而决定的，另外反馈出来的视觉效果上下有黑色边框，手机分辨率和刷新率不足，颗粒感和眩晕严重，让体验大打折扣，故此类设备属于 VR 体验的入门级产品。

2. 一体式头盔显示器

VR 一体机是具备独立处理器的虚拟现实头戴式显示设备，具备独立运算、输入和输出的功能。它的功能不如外接式 VR 头盔显示器强大，但是没有连线束缚，自由度更高。

现阶段，国内市场中，VR 一体机的竞争十分激烈。新生企业 Oculus（傲库路思）与小米合作完成了小米 VR 一体机的研制，老牌企业 Pico（小鸟看看）也推出了千元机 Pico G2（小怪兽第 2 代）。当前常见的 VR 一体机除了上面两种之外，还有 Vive Focus（聚焦）、Oculus Quest（傲库路思·探索）、华为 VR Glass（虚拟现实眼镜）、创维 S8000 VR 一体机、爱奇艺 VR 奇遇 2 代 4KVR 一体机等。

（1）Vive Focus（聚焦）一体机

Vive Focus（聚焦）是 HTC Vive（宏达万岁）全新推出的革命性 VR 一体机。它搭载高通骁龙 835 处理器、超高清 AMOLED 屏幕，借助 Inside-out（内—外）追踪技术，能够进行六自由度空间定位，以及 World-Scale 大空间定位，VR 体验十分优良。

Vive Focus（聚焦）体积小巧，仅有一个头戴式设备和一个操控手柄（手柄中配置了触控板、应用程序按钮、主屏幕按钮、扳机和音量键，承担了鼠标、手柄的双重作用）。头戴式设备内部包含九轴传感器、距离传感器和 World-Scale 六自由度追踪。在头戴式设备左右两侧内置了一对扬声器，并且分别在头戴式设备前方，控制器上配备了独立的音量按键，方便随时进行音量增减。

Vive Focus（聚焦）的效果是手机＋盒子的“粗暴”组合所不能比拟的。为了确保在 VR 体验过程中屏幕不会有严重的颗粒感，Vive Focus（聚焦）的 AMOLED 屏幕分辨率达到了 2880 × 1600，屏幕刷新率也达到了 75Hz，以此降低在头部旋转时画面出现的延迟感。

2019 年 3 月，在 HTC Vive（宏达万岁）生态大会上，HTC Vive（宏达万岁）正式将 Vive Focus Plus（聚焦加强版）推进了市场。这是当时其最新的 VR 一体机设备，也是世界范围内第一个配备双手柄的全六自由度多模式 VR 一体机，也就是说，在没有外部设备的帮助下，它就能够对前、后、左、右、上、下 6 个方向进行识别。

Vive Focus Plus（聚焦加强版）能够将转接器 Vive Steam Link 作为中介实现和 PC 等 7 种外部设备的连接，这就意味着，相比之前，多出了数百款 VR 应用供用户体验。除此之外，其还对全新菲涅尔透镜进行了配备，实现了对纱窗效应的有效弱化，这样就能够使视觉效果更加逼真。

（2）华为 VR Glass（虚拟现实眼镜）一体机

华为 VR Glass（虚拟现实眼镜）一体机是华为公司研发的一体式 VR 眼镜，使用了超短焦光学模组，实现了仅约 26.6mm 厚度的机身，含线控重量约 166g，属于 VR 眼镜中较轻的设备。在眼镜配置上，华为 VR Glass（虚拟现实眼镜）有两块独立的 2.1 英寸 Fast LCD 显示屏，0° ~700° 单眼近视调节，配有 3K 高清分辨率，最高达 90° 视场角，可以大大减少延迟感和颗粒感，改善画面拖影。在眼镜两侧，设计了半开放式双扬声器，使用双 Smart PA 智能功放芯片控制，极大地增强了沉浸感。

（3）Oculus Quest（傲库路思·探索）

Oculus Quest（傲库路思·探索）是 Facebook（脸书）旗下 Oculus（傲库路思）研发的一款次世代 VR 头戴式一体机，于 2019 年春季开始销售。Oculus Quest（傲库路思·探索）对该系列经典的纯色设计进行了延续，整体为黑色，显得十分简约、有质感。其最大的亮点是机身上的四个大镜头，正是因为有了它们，Inside-out 追踪系统才能够对空间信息进行获取，才能捕捉手柄和空间，进而实现头手六自由度追踪定位。

Quest 屏幕采用单眼分辨率达 1600 × 1440 的 OLED 屏和菲涅尔透镜，视场角约为 100°。相对 HTC Vive（宏达万岁）和 Oculus Rift（头戴显示器）的 1200 × 1080 分辨率，其具有更加良好的观感，尽管不能完全消除，但其纱窗感在同期的一体机中属于最低的一批。

Quest（探索）的穿戴方式对 Oculus Go 的布质松紧带的方式进行了改变，设计为 Rift 的软性橡胶头箍，这一定程度上是受到了 HMD 的重量的影响，头箍后侧类三角的固定设计能够为用户带来更加舒适的穿戴感。

3. 外接式头盔显示器

外接式头盔显示器是一种较为沉浸的 VR 视觉体验设备，它通常采用有线的形式与计算机相连接，依靠高性能计算机的运算能力，达到高度沉浸的效果。

HMD 通常由图像信息显示源、光学成像系统、瞄准镜、头部位置检测装置、定位传感系统、电路控制与连接系统、头盔与配重装置等部分组成。

（1）图像信息显示源

这指的是图像信息显示器件，一般来说，是借助小型高分辨率 CRT 或 LCD 等平板显示 FPD 器件。现阶段，高分辨率视频平板显示器件发展十分显著，有助于头盔重量的有效减小，为工作电压的降低提供了帮助。

（2）光学成像系统

在军用 HMD 中，在图像显示质量方面，光学成像系统有着直接的影响作用。它能够结合需要，对全投入式或半投入式两种设计进行选择。若是选择前一种设计，其所生成的是经过放大、像差校正及中继等光学成像系统的虚像。若是选择后一种设计，其所生成的就是经过校正放大的虚像投射在半反射半透射光学透镜上的图像。如此，显示图像和透镜的外界环境图像相叠加，由此，使用者就能够同时获得显示信息及外部环境信息。

（3）定位传感系统

这可以分为头部定位与眼球定位两部分，其中，前者主要是对头部位置及指向 6 个自由度的信息进行提供。该系统最为关键的是实现高灵敏度和短时延，否则，就会导致系统很容易为外界环境所干扰，信息准确度过低，并会致使使用者出现头晕、恶心的反应。

（4）电路控制与连接系统

一般来说，电路控制系统不能和 HMD（头盔式显示器）处于同一位置，这主要是为了避免头盔过重。特别需要注意的是，针对军用飞机座舱 HMD（头盔式显示器），开展连接系统设计，必须关注紧急情况中，能够让头盔与机载控制系统迅速脱离，从而为驾驶员安全提供保障。

（5）头盔与配重装置

头盔是 HMD（头盔式显示器）的固定部件，安装着光学组件及图像源。可将头盔作为通信、显示、夜视、助听、观瞄及全球定位系统（GPS）等装备的载体。一般来说，头盔的前部有显示器，这就会出现前部偏重的情况，为了避免这种情况导致的使用者易疲劳，通常会将配重装置放在后补，这样就不会偏重。

一般情况下，头盔显示器借助两个 LCD（液晶显示器）实现对左眼和右眼相应图像的分别提供，计算机分别为左眼和右眼图像进行驱动，并且左眼和右眼图像有着微小差别，就像“双眼视差”一样。大脑会融合左眼和右眼图像进行深度感知，最终获得立体图像。使用者佩戴头盔显示器之后，会实现和外部世界的完全隔离或者部分隔离，所以在沉浸式虚拟现实系统与增强式虚拟现实系统，这是相当重要的视觉输出设备。

虽然现在的市面上有很多 HMD 产品，其外形、大小、结构、显示方式、性能、用途等存在明显不同，然而其原理基本相同。在 HMD 上同时还必须有头部位置跟踪设备，它固定在头盔上，能检测头部的运动，并将这个位置传送到计算机中，虚拟现实系统中的计算机能根据头部的运动进行实时显示以改变其视野中的三维场景。目前，大多数 HMD 都采用基于超声波或电磁传感技术的跟踪设备。

4.AR 头盔显示器

增强现实系统（AR）采用的是特殊的头盔显示器，它是透视式头盔显示器。在透视式的头盔显示中，左眼和右眼前方分别有半透明镜片，其和视线之间为 45° ，能够对 LCD 显示器上的虚拟图形进行反射，同时也能够对面前真实场景进行投射。这样一来，使用者能够同时看到两种图像，也就是真实场景和虚拟图形。部分 AR 对半透明显示表面进行显示，使合成图像在从环境物体上得到的图像上进行覆盖，还有部分 AR 进行显示的时候，将合成图像组合于从视频设备得到的图像。

增强现实眼镜或头盔通过透明玻璃在用户的直接视野中覆盖虚拟对象。与虚拟现实中用户的视线被遮挡不同，增强现实系统中的用户可以同时观察真实世界和虚拟世界。通常由个人计算机或智能手机为这些设备提供内容。消费类应用包括向用户显示他们看到的真实对象的相关信息，如在购买沙发之前可在采用增强现实技术的眼镜中看到真实客厅中放置一个沙发的情景。企业和商业应用包括将关键信息覆盖到多个行业的现场维护人员。在医学领域，医生可以在治疗现场获得关键的病人护理信息。

现阶段常见的产品有美国谷歌公司的 Google Glass3（谷歌眼镜第三代）和深圳增强现实技术有限公司的 Oglass（智能眼镜）产品等。

Google Project Glass（谷歌眼镜）是由谷歌公司于 2012 年 4 月发布的一款“拓展现实”眼镜，类似于智能手机，其能够进行声控拍照、视频通话和方向辨明，还能够为使用者提供上网、文字信息处理和电子邮件的功能。Google Project Glass（谷歌眼镜）主要由一个摄像头和计算机处理器装置构成，前者悬置在眼镜前方，具有 500 万像素，能够对 720P 的视频进行拍摄，后者为宽条状，置于镜框右侧。此外，其镜片对头戴式微型显示屏进行了配备，能够在右眼上方的小屏幕上对数据进行投射。显示效果如同 2.4m 外的 25 英寸高清屏幕。

它还配备一条平行鼻托和鼻垫感应器，前者可横置于鼻梁上方，能够按照脸型进行调整，从而适应不同用户，并且其配备的电容能够对眼镜的佩戴状态进行分辨。其可以借助 Micro USB 接口或者专门设计的充电器进行充电，充满电后能够供用户正常使用一天。

Google Project Glass（谷歌眼镜）的重量只有几十克，内存为 682MB，采取的是 Android 系统以及德州仪器生产的 OMAP4430 处理器，音响系统采用骨传导传感器。网络连接支持蓝牙和 Wifi-802.11b/g。总存储容量为 16GB，与 Google Cloud（谷歌云）同步。配套的 MyGlass App 适用于 Android 4.0.3 或更高的系统版本；MyGlass App 在使用时需要打开手机的 GPS 和短信发送功能。

（三）墙式立体显示装置

上述设备的使用只能供一个或少数几个用户同时进行，为了实现多用户对立体图像效果的共享，大屏幕投影显示设备是非常好的方法。屏幕投影立体显示装置中可采用单投影显示器或双投影显示器，在立体现实的形成和投影方式方面分别有两种方式，即主动式与被动式、正投与背投。而实际上，其常见的显示方式一般为如下三种。

单投影机主动式立体显示系统。通常而言，其借助快速荧光粉阴极射线管（CRT）投影器，实现在屏幕上对两只眼睛的分别对应视频信号进行轮流交替显示。显示频率为标准刷新率（通常为 60 帧 / 秒）的 2 倍。为了看到清晰的立体图像，使用者需要对具有液晶光阀的立体眼镜进行佩戴，否则其只能看到模糊重影的图像。根据图像的显示，红外信号会传送至立体眼镜，其液晶光阀会有信号进行同步调节。因此，当屏幕上出现一只眼睛对应的图像，在同步信号下，那只眼睛镜片的光阀就会被打开，而另一只眼睛镜片的光阀就是关闭的。立体眼镜的使用分为有线、无线两种。

单投影机被动式立体显示系统。在屏幕上，投影机对双眼图像进行轮流显示，这与两只眼睛的不同视频信号是分别对应的。其频率同样为标准刷新率的 2 倍。偏振屏幕分别对两眼的图像不同的偏振（这个偏振是由屏幕产生的）进行施加。使用者佩戴的眼镜也具有不同偏振。

双投影机被动式立体显示系统。系统使用的投影机为两台，投影显示器可以是 CRT 投影显示器或者液晶投影显示器，基于两只眼睛分别对应的不同视频信号在屏幕上进行分别显示。它们的频率为标准刷新率。两台投影机镜头前，分别安装不同的偏振片，施加不同的偏振（有的投影机内部可以施加不同的偏振）。相比上述两种系统，它价格和成本降低，使用也最广。

通常来说，一个大屏幕投影仪最大投影面积为 200 英寸，但这种情况下其亮度比较小投影面积情况下较低，立体效果也会略差。因此，在更大显示面积的场合下，一般会对多台投影仪进行组合使用，这样就会构建显示面积更大的墙式立体显示装置，这也称为墙式全景立体显示装置。其由几个（组）投影仪拼合而成就称为几通道，较为常见的是三通道投影。

在这种对多个投影屏幕进行使用的情况下，其视角较大，一般水平和垂直视场角分别为 150° 和 40°，其亮度较高，至少为 2000 流明，最高为 20000 流明，其分辨率也较高，一般为 1280 × 1024，因此能够为几十人的同时使用带来较好的体验感，借助液晶立体眼镜，使用者能够获取虚拟立体场景，有极强的真实感和沉浸感。然而这种显示方式在技术上具有极大的难度，组成也极为复杂。

墙式全景立体显示装置分为平面式和曲面式两种，其显示屏的面积等于几个投影系统显示屏面积的总和。将几个显示屏组合在一起必须解决以下关键技术：非线性几何校正、边缘融合、热点补偿、伽马校正、色平衡。

对于曲面墙式投影，在对显示屏之间进行拼接的时候往往会出现拼接缝或者重叠，其宽度都为 1 个像素，这就会显示出黑色或发光的狭缝。为解决这种情况，一般的处理方法是在拼接处保留一段重叠区。如今多数投影器能够实现重叠区亮度的软融合，无缝拼接难度变低，基本上都能够达到近似无缝拼接的效果，此外，边缘融合机等硬件也能够解决这个问题。

多通道环幕（立体）投影系统是指采用多台投影机组合而成的多通道大屏幕显示系统，相比一般的标准投影系统，其在显示尺寸和分辨率上更具优势，能够提供更宽的视野和更多的显示内容，进而呈现出更加令人震撼的视觉效果。这一系统是借助多台投影机，并将之布置成弧形阵列，通过投影处理技术，在高精尺度的弧形环幕上，对计算机图像信息进行投射；对整个系统的操作和控制，只需要一台计算机就能够完成。

以 CompactUTM 非线性数字几何＆融合处理器等 3D 立体处理器为基础的解决方案是国内的主流，CompactUTM 是具有数字非线性几何校正、数字多边缘融合、数字热点补偿、数字色彩平衡、数字伽马校正等功能的核心融合处理设备，其安装简单，一般位于图像生成设备与投影器之间。借助 CompactUTM，能够毫不费力地将多个投影器组合为无缝、连续亮度、色度均匀的图像组，友好人机界面的控制软件能够调整和校准其投影的效果，支持各种图形工作站及投影器。该解决方案下，对于非线性几何校正、多边缘融合等，只需要用到一台专门的计算机，有效地避免了给图形计算机带来更多负担，也避免了投影器的限制，在灵活性方面优势明显。

（四）洞穴式立体显示装置 CAVE

CAVE（Cave Automatic Virtual Environment，洞穴自动虚拟环境）系统是一套基于高端计算机的多面式的房间式立体投影系统解决方案。主要包括专业虚拟现实工作站、多通道立体投影系统、虚拟现实多通道立体投影软件系统、房间式立体成像系统四部分。其综合了高分辨率的立体投影技术和三维计算机图形技术、音响技术、传感器技术，能够对可以多人共享的完全沉浸的虚拟环境进行生成。其名字中之所以有“洞穴式”，是因为其形状为立方体，犹如洞穴。这个装置一般可以为 4~5 人同时服务，所以一般是有 4 面、5 面、6 面 CAVE，4 面 CAVE 就是四个显示屏幕的投影，分别在左、中、右、下，5 面 CAVE 就是除出入通道和通气口所在面的其他五个面的显示屏幕。

1991 年内，伊利诺伊大学开发了第一个 CAVE 环境，并于图形学会议

SIGGRAPH1992 进行了相关论文的发表。其是借助镜面将多台计算机产生的图像于屏幕上进行反射、投影，由一个主要用户对视点的移动进行控制。为了实现这一点，用户需要配备位置跟踪设备，其能够对用户注视的地方进行测量，或者是需要借助操纵杆进行操作。包括主要用户在内的所有人，必须借助立体眼镜，才能够看到立体场景。但是除了主要用户之外的其他用户有很大的可能性会产生仿真晕眩，这也是其最明显的问题所在。

C2 是由爱荷华州立大学制造的一个 CAVE 系统，该大学积极与爱荷华工程部开展合作，对此 CAVE 系统的问题进行优化。优化的重点是关于移动地板投影的改动，使其从在用户后方变为前方，这样一来，用户在地板上的阴影移到用户后方，不会影响显示。在墙角处，用架子把两边的墙面夹在一起，防止阴影投在屏幕上。

CABIN（Computer Aided Booth for Image Navigation，计算机辅助图像导航）是东京大学制造的五面显示系统。它的显示包括强化玻璃地板、三面墙、天花板，为工业界所支持。

NAVE（Non-expensive Automatic Virtual Environment，非昂贵的自动虚拟环境）的研制者是佐治亚理工学院虚拟环境小组，其主要适合在大学实验室中使用。其亮点在于借助视觉等物理感觉实现了全局沉浸感的强化。两个用户坐在一个椅子上。借助力反馈手柄进行运动控制。除了良好的声音系统能够营造沉浸性的环境之外，震动的地板、变化的光线也有这样的作用。

C6 是由爱荷华州立大学制造的三维全沉浸的合成环境。其为一个房间，有着前、后、上、下、左、右六个墙面的全方位投影屏幕，显示背投立体图像。有一个能够移动的墙面供用户出入。

北京黎明视景公司（Sunstep Vision）外推出的 CAVE 沉浸式显示系统，其为模块化结构，能够进行自由组合变换。使用者能够结合实际需求对不同类型的系统组态进行自由定制。

一般情况下，CAVE 系统中还配有三维立体声系统，这能够为使用者提供更强的临场感。借助立体眼镜，使用者能够进入一个虚拟环境，就好像进入立体的环幕电影，但这和电影有本质区别。整个系统可以实时地与用户发生交互并产生响应。除了立体全息景象之外，系统还能够进行头部跟踪，对使用者头部所处的位置及面对的方向进行实时跟踪，并根据此使相应的虚拟场景进行实时的改变，也就是说，用户不需要借助操作杆或者是三维游戏中的按键就能够进行视角转换。不管是看向哪个方向，还是怎么移动视线，都能够有非常近似于现实的视觉体验。基于这一功能，相比仅仅拥有立体图像的系统而言，CAVE 具有更高的沉浸感。除此之外，CAVE 系统可使多人参与到高分辨率三维立体视听的高级虚拟仿真环境中，允许多个用户沉浸于虚拟世界之中，是一个较为理想的虚拟现实系统。

CAVE 系统能够在各种模拟与仿真、游戏等方面使用，但最多的还是在科研方面的视觉化方向。该系统的出现促使科学家的思维方式发生了重大的革新，对人类思维实现了拓展。对于计算工作相关的研究者来说，借助其高质量的立体显示装置，能够进行充满构想性的虚拟环境，可以多人交互工作，可以让自己的工作更为便捷和更富创新性。当前的虚拟现实技术和 CAVE 系统已经在科学计算可视化方面起到了重要的作用，这得到科研工作者的青睐，被更加广泛地用于科研领域。举例来说，借助超级计算机，科研者能够生成海量数据，而借助 CAVE 系统将之可视化，利用图形的方式对此进行交互式浏览，就能够更好地探索数据背后的意义。

CAVE 系统还能够用于建立虚拟原型以及辅助建筑设计。以汽车设计为例，借助 CAVE 系统对汽车的虚拟模型进行构建，而后可以对该模型进行全方位的观察。既可以从外部对其外形等进行不同角度的观察，还可以进入内部，对坐在不同座位的驾驶操作进行体验。建筑设计同样如此，在现实中，只能构建小的建筑模型，对很多细节和内部难以进行审视，借助 CAVE 系统构建的虚拟建筑，能够对其内部的结构等进行视觉上全方位的审视，以及通过触摸和走动等多样化的交互方式，对设计的合理性以及人性化程度作出分析。

但是，CAVE 系统在成本和价格上都很高，并且对空间和硬件有要求，再加上其产品化和标准化程度不足，以及使用的计算机系统图形处理能力要求极高，这就导致 CAVE 系统难以实现推广和普及。

二、听觉感知设备

听觉感知设备属于硬件，主要是针对人耳的声音感知，其功能在于当用户进入三维世界之后，为用户播放三维真实感声音。在构成上来看，主要包括耳机、专用声卡两部分。一般专用声卡能够处理普通的声源信号，如单通道声源信号，以及普通立体声源信号进行处理，使之转换为带有双耳效应的三维虚拟立体声音。

人类具有眼、口、鼻、手等器官，能够对外界感觉进行感知和传递，在众多传感通道中，视觉信息位列第一，听觉信息位列第二。听觉感知设备对于使用户对虚拟环境进行多通道感知而言十分关键。其既要接收用户和虚拟环境输出的声音，又要生成虚拟世界的三维立体声音。在对声音信号进行处理的时候能够借助内外部的声音发生设备，其系统构成包括立体声音发生器与播放设备两部分。通常在实时多声源环境中，借助声卡进行三维虚拟声音信号的传送，这些信号在经过预处理后，用户通过普通耳机就可以确定声音的空间位置。

虚拟环境的听觉显示系统除了给两耳提供一对声波之外，同时还应具有以下特点。

（1）高度的逼真性；

（2）能通过预定的方式对波形进行改变，并作为听者各种属性和输出的函数（包括头部位置变化）；

（3）能够对所有不是虚拟现实系统产生的声源（如真实环境背景声音）进行消除，当然在增强现实系统中，允许有现实世界的声音，因为其目的是对合成声音与真实声音进行组合。

基于上述要求，发声设备是听觉现实系统的关键。当前比较常用的发生设备为耳机、喇叭。它们必须可以对各种特定声源的声音信号进行合成，才能够实现对各类声源的高度仿真。

通常来说，相比喇叭，耳机更加能够贴合虚拟世界的要求。前者在使用时，通常与双耳之间有一定的距离，故而其发出的声音不能单独传递给单只耳朵，控制上有较大的难度。尽管很多逼真度高的电影总是表示喇叭在声像形成方面有着很好的表现，但是观众在观影过程中位置是固定的，在收听声音的时候，只有固定方向的声像（不补偿头部转动），同时，房间的声学特性不容易处理。并且，耳朵与外部环境没有隔阂，还是能够听到环境中其他的声音。

而佩戴耳机的时候，虽然在临场感方面会因为其佩戴感和接触感有所损失，但是用户有时需要在虚拟和真实环境之间来回转换，选择耳机会更加方便。当然，也不能忽视喇叭在很大的低频爆破声的生成上的优势，可以借助其振动身体部分。

（一）耳机

不同的耳机不仅在性能（如电声特性）上存在差别，在尺寸、重量和佩戴方式上也有差异。护耳式耳机，在尺寸和重量上都更大，以护耳垫从外部对耳朵进行佩戴；插入式耳机，也称为耳塞，是将声音传送至耳朵里的某一点，体积很小，外部有可压缩的插塞将之封闭。后者需选择适合的耳模；耳机的发声部分与耳朵的距离是不固定的，其输出的声音经过塑料管连接（一般 2mm 内径），它的终端在类似的插塞中。

耳机有较高的声音带宽（60Hz—15kHz），有适当的线性和输出级别（高达约 110dB 声压级别）。

虚拟现实应用于娱乐方面时会使用喇叭，也会使用耳机，但此外的其他领域的听觉显示系统以耳机为主流。然而需要注意到的一点是耳机也存在不足，从佩戴上看，它会增加用户的头部负担，从发声功率上来看较小，其只对用户耳膜进行刺激，就算是其声音已经达到了能够将人震聋的程度，但其刺激也无法形成足够的声音能量来对耳朵外的身体部分形成影响。尽管虚拟现实领域的大部分应用，听觉系统对正常听觉通道的刺激（外耳、耳膜、中耳、耳蜗等）是精确的，然而对于高能声音事件的仿真（如爆炸）还是需要对用户耳朵之外的其他身体部分进行声音仿真（如震动用户肚子）。

（二）喇叭

喇叭，也被称为音箱设备，相比耳机，其差异在于声音更大，能够为多人提供同一感受；其相同在于具备能够对所有虚拟现实进行适应的在动态范围、频率响应和失真等特质。其价格也较为适中，尤其是对于一些对声音有高强度音量要求的环境。

关于虚拟现实系统，喇叭系统要实现更好的临场感就必须满足其对声音空间定位的要求（包括声源的感知定位和声音的空间感知特性），这也是其面临的主要问题。进行声音定位的时候，其难以较好实现的要点在于对两个耳膜收到的信号以及两个信号之差进行控制。喇叭系统在作用时，会对给定系统进行调节，从而使目标用户头部位置能够得到应有的感知，但是当用户头部偏离该位置，它就很快无法得到合适的感知。当前还没有喇叭系统包含头部跟踪信息，并能够用这些信息随着用户头部位置变化适当调节喇叭的输入。

对于耳机来说就不必担心这样的问题。耳机在作用时，其发出的信号直接决定了耳朵对声音的感知内容，不会再有其他干扰。而喇叭在作用时，其所发出的声音在从喇叭达到耳膜的过程中会产生一定的变换，这就会影响到耳朵对声音的感知内容。

在虚拟现实领域中，对于喇叭的使用最著名的案例就是伊利诺伊大学开发的 CAVE 系统。其中，天花板的四个角安装有四个一样的喇叭，它们能够在声音幅度上对不同方向和距离远近的声音进行模拟。

三、触觉（力觉）感知设备

触觉（力觉）感知设备是一种基于人的手、肢体和眼睛进行交互和反馈的硬件设备。触觉和力觉在本质上属于不同的感知类型。力觉感知主要对力的大小和方向进行反馈。触觉感知相对要更加细腻和丰富，不仅要有接触到某种物体的感觉，还要有物体所具有的质感、纹理和温度给人的感觉。而目前的虚拟现实系统，在这一方面还有很大不足，只能对一般的接触感进行模拟。相比之下，力觉感知设备的发展更为出色。

用户在进入虚拟世界之后，必然会接触其中的物体，对这个虚拟世界进行感知，并以各种交互方式来体验。触觉，是在视觉和语言之前的，既是第一语言也是最后的语言，眼睛和语言可能存在欺骗，但触觉总是带来真实。对于世界进行感受的时候离不开触觉，就像在对全貌进行了解的时候离不开视觉一样。

在虚拟现实系统中，为用户提供触觉反馈和力反馈这两种信息。用户进入虚拟世界之后，对于触觉和力觉系统，除了用它对其中物体的位置和方位进行感知，还用来对物体进行操作和移动以达成某个目的。不能进行触觉识别就意味着无法向用户提供主要信息源。有了触觉和力觉系统，虚拟用户就能够对虚拟环境中的物体进行接触、感觉、操作、创造以及改变。当用户在虚拟环境中进行交互时，其接触功能十分关键。基于触觉，用户才能够感觉和操作，这也是多数活动的必要组成部分。所以，缺失了触觉反馈和力觉反馈，任何环境的交互就只能停留在简单和粗糙的层次。

相比之下，触觉内容要更为多样，触觉反馈能够使用户获得包括物体表面几何形状、表面纹理、滑动等信息。力反馈能够使用户获得总的接触力、表面柔顺、物体重量等信息。然而当前的技术还需进一步发展，触觉反馈装置只能够使用户获得最基本的“接触到了”的感觉，而无法感觉到所接触到的物体的材质、纹理、温度。

在虚拟现实系统中，对触觉反馈和力反馈有下列要求。

（1）实时性要求。触觉反馈和力反馈要对接触力、表面形状、平滑性和滑动等进行实时的计算，给用户同步的感受，这样才能够提供真实感。

（2）较好的安全性。力反馈是对用户的手或其他部位进行真实的力的施加，这种力度要能够让用户获得相应的感受，但是也不能过大从而对用户造成伤害。此外，即使是计算机故障也不能对用户造成伤害。

（3）足够轻便和舒适。触觉反馈和力反馈装置应当可以十分便捷地安装和携带，不能过大、过重，以避免使用户易于疲劳。

（一）触觉反馈装置

关于物体的辨识和操作，触觉反馈十分重要。此外，其还能够对物体的触摸按键进行检测，因此触觉反馈对于所有的力反馈系统都有着关键性的意义。人体具有二十种不同类型的神经末梢，能够将感知到的信息发给大脑。大部分感知器是热、冷、疼、压、接触等感知器。触觉反馈装置就应该将高频振动、形状或压力分布、温度分布等信息提供给这些感知器。

从如今的技术来看，触觉反馈装置仅限于手指触觉反馈装置。基于其原理，手指触觉反馈装置一共包括基于视觉、电刺激式、神经肌肉刺激式、充气压力式几种类型。

第一种：基于视觉的触觉反馈指的是通过眼睛对物体间是否存在接触进行辨识，这是目前虚拟现实系统中普遍采用的办法。借助碰撞检测计算，在虚拟世界中对两个物体相互接触的情景进行显示。

第二种：电刺激式触觉反馈借助宽度和频率可变的电脉对皮肤进行刺激，进而实现触觉反馈的效果。

第三种：神经肌肉刺激式触觉反馈指的是对相应的刺激信号进行生成，使之对用户相应感觉器官的外壁进行直接刺激。

第四种：在充气压力式触觉反馈装置中，会将一些微小的气泡在手套中进行配置，根据需要可以通过压缩泵对这些气泡进行充气和排气。充气时，微型压缩泵迅速加压，气泡就会膨胀，进而对皮肤形成压迫刺激，这样就能够实现触觉反馈。有一种名为 Teletact（智能信息）的手套，采用充气式触觉反馈装置，这个手套分为两层，其中间排列着 29 个小气泡和 1 个大气泡。手掌部位是唯一的大气泡，满足对手掌部位的接触感的传达。气泡均有一个进气管和一个出气管，全部进 / 出气管道都汇总在一起，连接着控制器中的微型压缩泵。根据敏感程度，不同部位有着不同的气泡数量，食指指尖 4 个，中指指尖 3 个，大拇指指尖 2 个。在这 3 个灵敏手指部位配置多个气泡的目的，是仿真手指在虚拟物体表面上滑动的触感，只要逐个驱动指尖上的气泡就会给人一种接触感。

（二）力反馈装置

力反馈就是借助先进的技术对虚拟世界中物体的空间运动进行转换，使之转换为周边物理设备的机械运动，为用户提供真实的力度感和方向感，进而构建一个崭新的人机交互界面。力反馈技术最早应用于尖端医学和军事领域，其常见设备有以下几种。

1. 力反馈鼠标

力反馈鼠标（FEEL it Mouse）就是能够使用户获得力反馈信息的鼠标设备。其与普通鼠标相同的是，都能够对光标的移动进行控制，其差异在于，能够对碰撞进行一定的仿真，使人手获得反馈力。也就是说，当用户借助力反馈鼠标对光标进行移动的过程中遇到图形障碍物，人手就能够从鼠标获得反作用力，并且光标对障碍物的穿透也被阻止，这样用户就会感觉好似真的遇到了一个硬的障碍物，形成与硬物体接触的幻觉。如果其算法足够先进，力反馈鼠标除了能够对硬物体的表面进行仿真之外，还能够对弹簧、液体、纹理和振动进行仿真。力觉之所以生成，是因为借助了电子机械机构——鼠标的手柄进行了力的施加。

力反馈鼠标是最简单的力反馈设备。然而它只有两个自由度，功能有限。这限制了它的应用。具有更强功能的力反馈设备是力反馈手柄和力反馈手臂。

2. 力反馈手柄

麻省理工学院早期进行了力反馈手柄的研究，制造了三自由度的设备。其自重（电执行机构及机械结构）由桌子支持，因此可用有高带宽的大型执行机构。高宽带意味着能够进行物体惯性及接触表面组织的仿真。如今不管是专业级别的力反馈手柄，还是普通级别的力反馈手柄，相比早期设备在体型和功能都有了明显的进步。

（1）六自由度力反馈手柄

六自由度力反馈手柄依靠独特的 Delta 并联机构和串联转动机构复合设计，所以在灵活度方面极为优越，属于精密力反馈设备，能够达成高精度的平动转动联合控制。在并联平动机构的支持下，六自由度力反馈手柄在刚度上较高，输出力十分强劲，在串联转动机构的支持下，其具有更大的转动空间，其具有自动校准的功能，因此具有高定位精度。

机械结构采用高强度航空铝合金，经过数控加工成型，关键运动部件均采用国际领先品牌。手柄支持多种操作系统开发平台，开放的软件平台提供良好的二次开发环境并提供 RS232、RS422、USB 等多种控制接口。

六自由度平动力反馈手柄（专业级别的力反馈手柄，如图 2-1-1 所示）提供精准的力反馈和位置指令输出，应用领域包括医疗手术机器人、遥操作系统、力反馈操控装置、虚拟仿真、技术研究等。

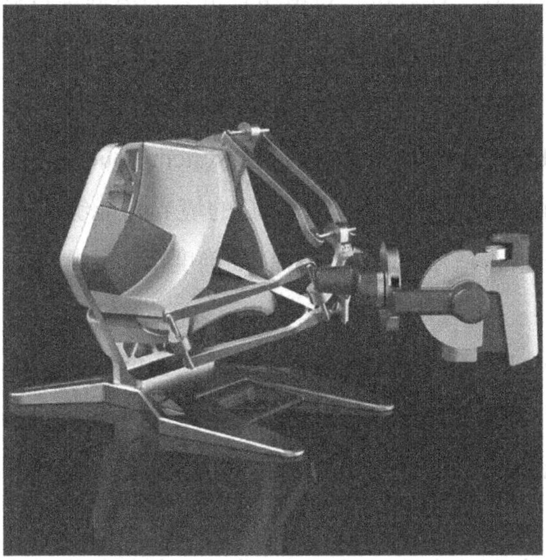

图 2-1-1　专业级别的力反馈手柄

（2）普通的力反馈手柄

就比如微软的 Xbox Elite 无线控制器 2 代（图 2-1-2）配有震动扳机键和振动马达，可在不同的应用情境下对使用者进行力反馈。同时，该设备支持编程操作，可在应用中对马达力度进行调整。

图 2-1-2　微软 Xbox Elite2 代无线控制器

3. 力反馈手臂

虚拟环境要实现对物体重量、惯性和与刚性墙的接触的仿真，就要对用户手腕进行力反馈。力反馈的研究是从最初为遥控机器人控制设计的大型操纵手臂开始的。这些机械结构带有嵌入式位置传感器和电反馈驱动器等设备，借助主计算机对回路闭合进行控制，计算机会对被仿真世界的模型进行显示，并对虚拟交互力进行计算，并借助反馈驱动器将真实的力施加给用户手腕。

由于重力和惯性补偿，用户进入虚拟空间后不进行交互手臂就感受不到力的存在。美国 Sensable（森赛伯）公司的 3D System Touch（3D 系统触摸）力反馈手臂（图 2-1-3）在力反馈性能上进入了新的境界，能够实现更准确的定位输入和高保真力反馈输出，适用于很多有着高准确度要求的操作，具有使用简单、性价比高的优点。

3D System Touch（3D 系统触摸）力反馈设备能够对用户的手进行力反馈的施加，从而使之感受到 3D 屏幕上的对象，生成更具流畅性和较低摩擦力的扩展真实触感。其具有耐用、价格低、准确度高的优势，在医疗和科研等领域有着突出优势，特别是在有高紧凑性和便携性的领域。

专业的原始设备制造商选择了 Touch 集成到他们的产品中，因为其在手术模拟器等交互式虚拟环境有着其他设备难以企及的优势。

力反馈操纵手臂具有系统复杂、价格昂贵、轻便性不足等缺点，无法在特殊的姿态下进行操作。它可以安装在桌子上，能提供 6 个自由度的触摸与力反馈。并且其能够进行位置输入，能够生成脉冲、颤动等多种力量感知。

图 2-1-3　3D System Touch（3D 系统触摸）力反馈手臂

Sensable（森赛伯）公司生产的 Geomagic Touch（触觉式力反馈）也是业界最广泛配置的专业力反馈装置，用于 3D 建模等，使用户能够自由地进行 3D 黏土造型，加强科学或医学仿真。

4.LRP 手操纵器

巴黎机器人实验室（LRP）研制出的 LRP 手操纵器，能够实现更多自由度，可以对手的 14 个部位进行力反馈。

LRP 手操纵器有灵巧的机械链接设计，在进行大部分的抓取动作时，反馈力一般会被施加于手指局部。执行机构与手的间距较大，这样能够降低操作器能量。其借助微型电缆（0.45mm 直径）的运动进行控制，并且借助安在每个马达轴的电位计对其运动幅度进行测量，分辨率为 1°，此数据主要在对手的姿势进行估计时发挥作用。通过转动手背上的电缆，手掌区就呈自由状态，这样就能够在戴反馈操纵器时进行真实物体的抓取，实现了功能增加。其中也面临着一定的问题，那就是必须妥善处理电缆和滑轮的摩擦和间隙才能实现控制。在设计时，如果将过载限制为 100N 的微型力传感器安装在手掌的背面，检测电缆的拉紧程度，可以使反馈力的控制更精确。

四、味觉感知设备

味觉感知设备是一种基于人的舌头进行味觉体验的特殊设备。味觉是指食物在人的口腔内对味觉器官化学感受系统的刺激并产生的一种感觉。最基本的味觉有甜、酸、苦、咸、鲜 5 种，我们平常尝到的各种味道，都是这 5 种味觉混合的结果。“虚拟食物”虽然不能放进嘴里，但能通过电子技术来模仿食物的味道和口感。这个技术为 VR/AR 体验增添了新的感官输入设备，可以进一步提高 VR/AR 虚拟世界体验的沉浸感。

（一）热电模拟“酸甜苦辣”

吃东西的时候，人的舌头味蕾会产生相应的生物电，并将之传送至大脑，这就会产生味觉感知。对于味觉的模拟已经开始了一段时间，2013 年，新加坡国立大学 Mixed Reality（混合现实）实验室的研究人员公开了一款合成味觉的交互设备原型，其能够借助电流和温度对人类几种原始味觉进行模拟。

此设备的重要部件是可以产生不同频率的低压电极（直接夹着用户舌头）、Peltier（珀尔帖效应）温度控制器。

实际测试结果显示，最容易模拟的是酸味和咸味，最难的是甜味和苦味。

人类原始味觉多种多样，怎样的“参数”才能够让人脑产生这样的味觉呢？通常，酸味：60~180μA 的电流，舌头温度从 20℃上升到 30℃；咸味：20~50μA 的低频率电流；苦味：60~140μA 的反向电流；甜味：反向电流，舌头温度先升到 35℃，再缓慢降低至 20℃。

如今，味觉模拟设备设计还未成型，但是其能够在很多场景中发挥作用，比如说当病人要服用非常难吃的药物时，可以通过特制的勺子来进行味觉欺骗。

新加坡国立大学的研究人员尼米沙·拉纳辛赫（Nimesha Ranasinghe）已经成功打造了一款能够模拟不同味道的“数字棒棒糖”，以及一款嵌入电极、能增强真实食物味道（酸、咸、苦）的勺子。相比之下，实验中对甜味的模拟远远弱于其他味道，但将甜味数字化的实用价值很大，如能够帮助人们减少糖分的摄入。

于是拉纳辛赫和他的同事开始摸索热量模拟。在东京 2016 年 ACM 用户界面软件与技术（UIST）研讨会上，他们展示了用温度变化来模拟舌头感觉到的甜味。用户将舌尖触碰一个快冷快热的方形热电元件上，该元件能够控制影响味觉的热敏神经元。

最开始实验时，这个装置对一半的参与者有效。有些人还表明在 35℃时尝到了辣味，在 18℃时还有薄荷味。拉纳辛赫将这个系统嵌入玻璃杯中，能让低糖饮料尝起来更甜。

（二）电刺激模拟咀嚼运动

电子模拟只是控制了味道，但食物不仅只有味道，口感也非常重要。来自东京大学的一个团队，展示了一款能够电子模拟不同食物咀嚼口感的装置，电子食物口感系统同样使用了电极，但不是通过舌头，而是将其置于用户的咬肌之上（咬肌就是用来咀嚼食物的肌肉），当用户咬东西的时候感受到硬度或者咀嚼性。嘴巴里没有吃的，但是通过电流刺激肌肉的震动反馈能让用户觉得真的是在嚼东西。

为了赋予“食物”更真实的口感，电子食物口感系统使用更高的频率刺激肌肉，用更长的电脉冲模拟弹性的口感。最终目标是帮助有特殊饮食要求或者有健康问题的人，有很多人无法开怀地吃东西，如那些下颌无力、过敏与节食的人，而是这项技术能满足他们的胃口，使他们享受更好的生活。

五、嗅觉感知设备

嗅觉感知设备是一种由鼻子感受气味获得知觉的特殊设备。它由两个感觉系统参与，即嗅神经系统和鼻三叉神经系统。目前大多数嗅觉感知设备会提前设计好各种气味，制作成胶囊或者试剂，然后根据不同的应用场景进行控量释放，让使用者闻到该气味。目前此类设备处于稳步发展阶段，可以模拟的气味种类也越来越多，结合 VR/AR 设备，可以使嗅觉感知体验更上一个层次。

除上述感知之外，还有更多关于嗅觉和体感等方面的技术在众多 VR 公司的研究下有所突破，以提升临场感和沉浸感。

Ubisoft（育碧）作为全球一流的游戏公司，其推出了新游戏《南方公园：完整破碎》，为了获得更好的推广和宣传效果，该公司专门研发出一款 Nosulus Rift（屁味面罩）。而《南方公园：完整破碎》的主角的技能就包括放屁攻击，这个出人意料的虚拟现实设备也是出于提升游戏沉浸感和趣味性考虑才投入研制的。

Nosulus Rift（屁味面罩）可以借助蓝牙连接于 PC、PS4、Xbox One 进行使用，角色使用“放屁”技能，Nosulus Rift（屁味面罩）会亮起绿灯并释放出气味，有体验过的用户表示，用起来就像真的有人正对着他的脸放了一个屁！这款产品尽管有些恶趣味，但是在嗅觉 VR 上却也算是一种启发。嗅觉沉浸对于 VR 的真实感和沉浸感来说必不可少。

2018 年 12 月 28 日，虚拟现实创业公司 Feelreal（真实感觉）宣布推出一款新的 VR 配件，承诺通过嗅觉等为游戏和电影带来“真实感”。Feelrcal（真实感觉）是世界上第一款多感官 VR 面具，它对用户面部的全覆盖确保能够为用户提供气味、冷热风、水雾、震动和冲击等多重感受，以使用户获得最具沉浸感的娱乐体验。Feelreal（真实感觉）可以连接多种 VR 设备。Feelreal（真实感觉）能够让用户体验超过 255 种独特的香气，并将它们结合起来，创造出这个世界各地的香味景观，甚至是超越人们想象的任何地方。同时，人们的嗅觉与味觉是紧密结合的，在虚拟体验中，Feelreal（真实感觉）能够让人们近乎感受到在品尝食物。用户沉浸在气味以及味觉的世界中，以全新的方式让感官与自己的想象力相结合。如图 2-1-4 所示，为 Feelreal（真实感觉）多感官 VR 面具。

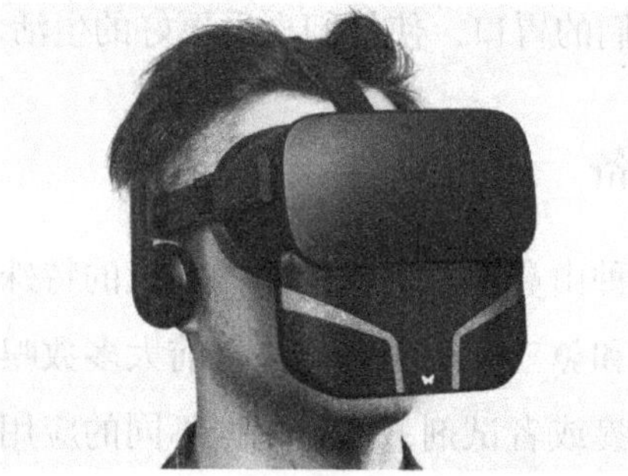

图 2-1-4　Feelreal（真实感觉）多感官 VR 面具

第二节　基于自然的交互设备

虚拟现实系统的首要目标是建立一个虚拟的世界，处于虚拟世界中的人与系统之间是相互作用、相互影响的，特别要指出的是在虚拟现实系统中要求人与虚拟世界之间必须是基于自然的人机全方位交互。当人完全沉浸于计算机生成的虚拟世界之中时，计算机键盘、鼠标等交互设备就变得无法适应要求了，而必须采用其他手段及设备来与虚拟世界进行交互，即人对虚拟世界采用自然的方式输入，虚拟世界要根据其输入进行实时场景输出。

虚拟现实系统的输入设备主要分为两大类：一类是基于自然的交互设备，用于对虚拟世界信息的输入；另一类是三维定位跟踪设备，主要用于对输入设备在三维空间中的位置进行判定，并输入虚拟现实系统中。

虚拟世界与人进行自然交互的实现形式有很多，包括基于语音的、基于手的等多种形式，如数据手套、数据衣、三维控制器、三维扫描仪等。手是人们与外界进行物理接触及意识表达的最主要媒介，在人机交互设备中也是如此，基于手的自然交互形式最为常见，相应的数字化设备也有很多，在这类产品中最为常见的就是数据手套。

一、三维控制器

（一）三维鼠标

普通鼠标只能感受到在平面的运动，而三维鼠标（3D mouse）则可以让用户感受到在三维空间中的运动，鼠标的外形如图 2-2-1 所示。三维鼠标可以完成在虚拟空间中六个自由度的操作，其工作原理是在鼠标内部装有超声波或电磁发射器，利用配套的接收设备可检测到鼠标在空间中的位置与方向，与其他三维控制器相比三维鼠标的成本低，常应用于建筑设计等领域。

图 2-2-1　三维鼠标

（二）力矩球（space ball）

力矩球通常被安装在固定平台上，如图 2-2-2 所示。它的中心是固定的，并装有六个发光二极管，这个球有一个活动的外层，也装有六个相应的光接收器。用户可以通过手的扭转、挤压、来回摇摆等动作，实现相应操作。它采用发光二极管和光接收器，通过安装在球中心的几个张力器测量手施加的力，并将数据转化为三个平移运动和三个旋转运动的值输入计算机中。使用者用手对球的外层施加力时，根据弹簧形变法则，六个光传感器测出三个力和三个力矩的信息，并将信息传送给计算机，即可计算出虚拟空间中某物体的位置和方向等。力矩球的优点是简单、耐用，可以操纵物体。但其在选取物体时不够直观，在使用前一般需要进行培训与学习。

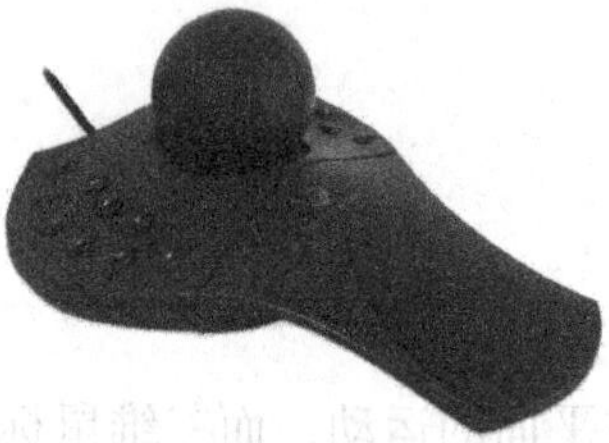

图 2-2-2　力矩球

二、数据手套

数据手套（Data Glove）是美国 VPL 公司在 1987 年推出的一种传感手套的专有名称。现在数据手套已成为一种被广泛使用的传感设备，它戴在用户手上，作为一只虚拟的手用于与虚拟现实系统进行交互。数据手套的出现，为虚拟现实系统提供了一种全新的交互手段，目前的产品已经能够检测手指的弯曲，并利用磁定位传感器来精确地定位出手在三维空间中的位置。这种结合手指弯曲度测试和空间定位测试的数据手套被称为“真实手套”，可以为用户提供一种非常真实自然的三维交互手段。

按功能需要数据手套一般可以分为虚拟现实数据手套、力反馈数据手套。

虚拟现实数据手套：虚拟现实数据手套是一种多模式的虚拟现实硬件，通过软件编程，可进行虚拟场景中物体的抓取、移动、旋转等动作，也可以利用它的多模式性，将其作为一种控制场景漫游的工具。

力反馈数据手套：借助数据手套的触觉反馈功能，用户能够用双手亲自“触碰”虚拟世界，并在与计算机制作的三维物体进行互动的过程中真实感受到物体的震动。触觉反馈能够营造出更为逼真的使用环境，让用户真实感触到物体的移动和反应。此外，系统也可用于数据可视化领域，能够探测出与地面密度、水含量、磁场强度、危害相似度或光照强度相对应的振动强度。

虚拟现实数据手套产品有 5DT Data Glove Ultra 系列、Manus VR、Control VR、PowerClaw（触感手套）、CaptoGlove、Glovenone 等。

力反馈数据手套产品有 Shadow Hand（暗影之手）、CyberGlove（赛伯手套）等。

现在已经有多种数据手套产品，它们之间的区别主要在于所采用传感器的不同。下面对几种典型的数据手套进行简单介绍。

（一）5DT Data Glove Ultra 系列数据手套

5DT（5 次元科技）公司的 Glove16 型 14 传感器数据手套，它可以记录手指的弯曲（每根手指 2 个传感器），能够很好地区分每根手指的外围轮廓。该数据手套可以采用无线连接，无线手套系统通过无线电模块与计算机通信，无线电模块与计算机的 RS-232 接口相连。这种数据手套有左手和右手型号可供选择。手套由可伸缩的合成弹力纤维制造，可以适合不同大小的手掌，同时它还可以提供一个 USB 的转换接口。

新版的 5DT 数据手套系列产品应用了彻底改良的传感器技术。新的传感器使手套更加舒适，并能够在一个更大尺寸的范围内提供更加稳定的数据传输。其数据干扰被大大降低。5DT Data Glove Ultra 系列有包含 5 个传感器和 14 个传感器两款，每款均有左手和右手两个不同版本，用户可自由选择。它具备基于高带宽的最新的蓝牙技术功能，无线连接范围高达 20m。一块电池能提供 8 小时的无线通信。在需要的时候电池能在数秒内被更换。

该数据手套兼容 Windows（视窗操作系统）、Linux、UNIX 操作系统。由于其支持开放式通信协议，所以能在没有软件开发工具包的情况下进行通信。新版的 5DT 数据手套支持当前主流的三维建模软件和动画软件。

（二）Vertex 公司的赛伯数据手套

1992 年年底，VPL 公司倒闭，Vertex（沃泰克斯）公司的赛伯手套（Cyber Glove）（图 2-2-3）渐渐取代了 Data Glove（数据手套），在虚拟现实系统中得到广泛应用。赛伯手套是为把美国手语翻译成英语所设计的。在手套尼龙合成材料上每个关节弯曲处织有多个由两片很薄的应变电阻片组成的传感器，在手掌区不覆盖这种材料，以便透气，并可方便其他操作。这样一来，手套的使用十分方便且穿戴也十分轻便。它在工作时检测成对的应变片电阻的变化，由一对应变片的阻值变化间接测出每个关节的弯曲角度。当手指弯曲时成对的应变片中的一片受到挤压，另一片受到拉伸，使两个电阻片的电阻值一个变大、一个变小，在手套上每个传感器对应连接一个电桥电路，这些差分电压由模拟多路扫描器（MUX）进行多路传输，再放大并由 A/D 转换器数字化，数字化后的电压被主计算机采样，再经过校准程序得到关节弯曲角度，从而检测到各手指的状态。

赛伯手套中一般的传感器电阻薄片是矩形的（主要安装在弯曲处两边，测量弯曲角度），也有 U 形的，主要用于测量外展—内收角（五指张开与并拢），有 16~24 个传感器对弯曲处测量（每根手指有 3 个），有一个传感器对外展—内收角进行测量，此外还要考虑拇指与小指的转动，手腕的偏转与俯仰等。

在数据手套使用时，连续使用是十分重要的，多种数据手套都存在着易于外滑、需要经常校正的问题，这是比较麻烦的事，而赛伯手套的输出仅依赖于手指关节的角度，而与关节的突出无关。传感器的输出与关节的位置无关，因此每次戴手套时，校正的数据不变。

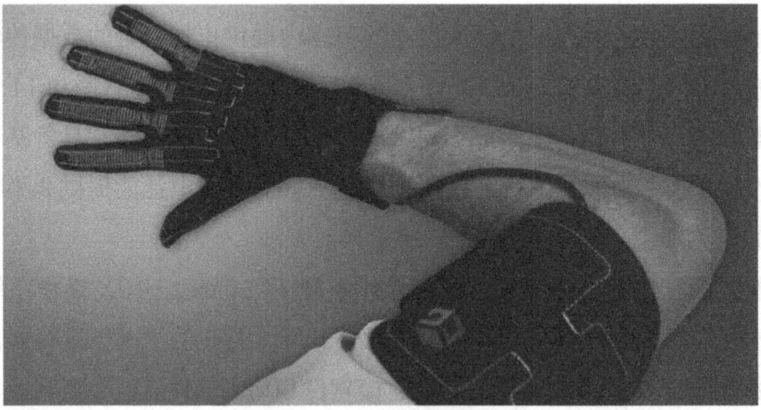

图 2-2-3　赛伯数据手套

（三）Glove one 数据手套

Glove one 数据手套（图 2-2-4）具有独特的触觉反馈功能，并且可以兼容多款虚拟现实头盔。它通过振动模拟真实的触摸体验，可以模拟出物品的形状、重量和冲击时产生的力量。比如：用它模拟弹钢琴，可以感受到钢琴的触感；用它抓起一个物品，可以感受到物品的重量。它能具备这些功能，得益于手套中的 10 个驱动马达，每一个马达都能通过振动制造触感。并且，它还具有类似 Leap

Motion（厉动）、英特尔 Real Sense（真实感觉）和微软 Kinect 的体感模式，可以带来精准的位置测定。因为内置了一个控温装置，所以还可以模拟虚拟的温度反应，比如当用户在虚拟世界中将手靠近火源时，手套也会发热，使人真实地感受到火焰散发出的热量，十分有趣。

目前，Glove one 仅兼容 Windows（视窗操作系统），并且向开发者公布了 API（应用程序编程接口）和 SDK（软件开发工具包），相信在不久的将来，它还能够支持更多的平台。

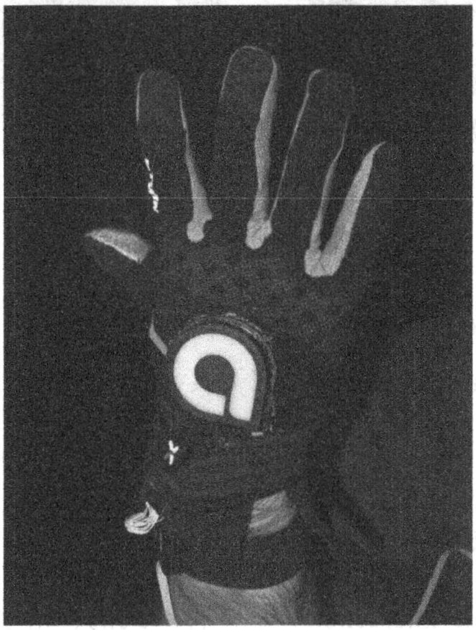

图 2-2-4　Glove one 数据手套

（四）Mattel 公司的 Power Glove

Mattel（美泰）公司为家庭视频游戏设计了一个 Power Glove（能量手套）数据手套（图 2-2-5），与 5DT Ultra 数据手套和赛伯数据手套等数据手套相比，Power Glove 是很便宜的产品。它的价格只有其他数据手套的几十分之一。它于 1989 年大量销售，用于任天堂（Nintendo）的基于手套的电子游戏。为了达到低成本，这个手套在设计时使用了很多廉价的技术。手腕位置传感器是超声波传感器，超声源放在计算机显示器上，而超声麦克风放在手腕上。弯曲传感器采用了导电墨水传感器，传感器包括在支持基层上的两层导电墨水。墨水在黏合剂中有碳粒子。当支持基层弯曲时，在弯曲外侧的墨水就延伸，造成导电碳粒子之间距离增加（L2>L1），导致传感器的电阻值增加（R2>R1）。反之，当墨水受压缩时，碳粒子之间距离减小，传感器的电阻值也减小，这些电阻值的数据变化经过简单的校准就转换成手指关节角度数据。尽管它精度低，传感能力有限，但其低廉的价格还是吸引了一些实验者。

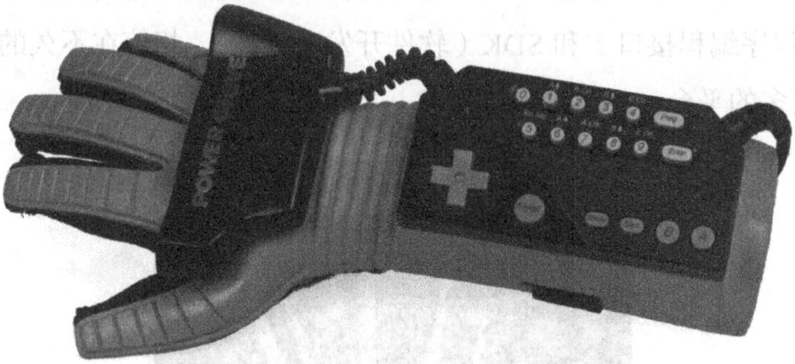

图 2-2-5　Power Glove 数据手套

有关数据手套的技术相对较为成熟，国内外的数据手套产品种类也较多。数据手套是虚拟现实系统最常见的交互式工具，它体积小、重量轻、操作简单，所以应用十分普遍。

三、体感交互设备

体感交互（Tangible Interaction）是一种新式的、富于行为能力的交互方式，它正在转变人们对传统产品设计的认知。体感交互是一种直接利用躯体动作、声音、眼球转动等方式与周边的装置或环境进行互动的交互方式。Leap Motion（厉动）、WiiRemote（Wii 遥控器）等都是常见的体感交互设备。

相对于传统的界面交互，体感交互强调利用肢体动作、手势、语音等现实生活中已有的知识和技能进行人与产品的交互，通过看得见、摸得着的实体交互设计帮助用户与产品、服务以及系统进行交流。

（一）Leap Motion

Leap Motion（厉动）是一款基于手指交互的设备。2013 年，美国体感控制器制造公司 Leap 发布了能够控制 PC 和 Mac 的 Leap Motion，其中文名为“厉动”，采用计算机视觉原理的识别技术。其体积小，外观非常像 MP3 播放器（图

2-2-6），通过数据线连接计算机，在安装驱动之后，便可以摆脱鼠标和键盘的束缚，实现 3D 空间内的精确体感操作，它能够以超过每秒 200 帧的速度追踪手部移动，并准确地追踪十根手指，精度高达 1/100mm，其精度要比其他体感设备高出 200 倍。可以通过 Leap Motion（厉动）进行网页浏览等操作，还能够构建 3D 图形、弹奏乐器。

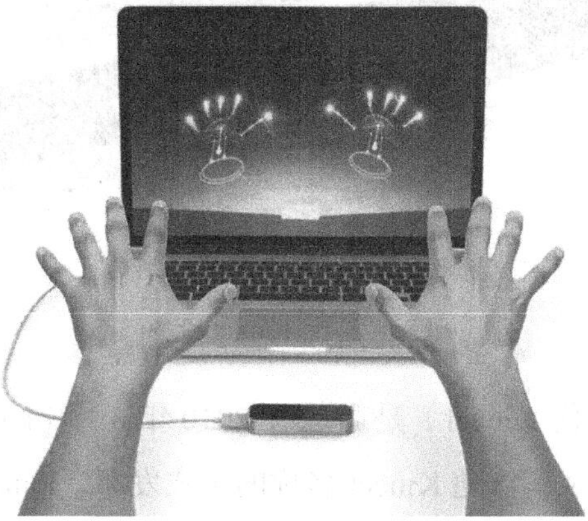

图 2-2-6 Leap Motion

定位与输入是 VR 技术的关键，Leap Motion（厉动）的 150° 超宽幅的空间视场控制范围以及 0.01mm 的精度，秒杀其他同类产品。用户用指尖即可畅享全新的超控游戏体验，Leap Motion 可以保证屏幕上的动作与指尖移动完全同步。它拥有海量的免费游戏与更加刺激的付费游戏，以及其他应用。它的强大功能可以完美开发用户的探索精神与创造能力，使用户在虚拟世界中轻松完成现实世界中难以完成的任务。

目前已经有包括迪士尼、Google（谷歌）、Autodesk（欧特克）在内的公司宣称旗下一些软件、游戏开始支持 Leap Motion（厉动），这使得 Leap Motion（厉动）将会在更多领域有施展空间。而且 Leap Motion（厉动）为 VR 设备提供了非常不错的控制解决方案，其手势操作更符合 VR 场景。

（二）Kinect

Kinect 是一款基于全身肢体的交互设备（图 2-2-7），它是美国微软公司在 2009 年 6 月的电子娱乐展览会上公布的 Xbox360 体感周边外设。Kinect 彻底颠覆了游戏的单一操作模式，使人机互动的理念更加彻底地展现出来。Kinect 集成的传感器可以追逐到用户身体的 3D 动作，对用户进行面部“辨识”，甚至还能听懂用户的语音命令。Kinect 能用上用户身体的所有部分，包括头、手、脚、躯干。微软的目标是“全身游戏”。

图 2-2-7　Kinect 设备

Kinect V1（第 1 代 Kinect）是微软在 2010 年 6 月 14 日对 Xbox 360 体感周边外设正式发布的名字。伴随 Kinect 名称的正式发布，Kinect 还推出了多款配套游戏，包括 Lucasarts（卢卡斯艺术）出品的《星球大战》，MTV 推出的跳舞游戏、宠物游戏、运动游戏（Kinect Sports）、冒险游戏（Kinect Adventure）、赛车游戏（Joyride）等。

2014 年 10 月发布的 Kinect V2（第 2 代 Kinect）是一种 3D 体感摄影机，同时它导入了即时动态捕捉、影像辨识、麦克风输入、语音辨识、社群互动等功能。

Kinect 有多个重要传感器，这些传感器包括 RGB 摄像头、深度传感器、多点阵列麦克风以及一个可处理专用软件的处理器。

Kinect 项目的重中之重就是所有的硬件都是由微软专门设计的软件进行控制的。Kinect 采用了三种主要技术：一是以 Prime Sense（基本意义）公司的 Light Coding（光编码）技术为原理，给不可见光打码，然后检测打码后的光束，判断物体的方位。二是飞行时间测距法（TOF）原理（精度、灵敏度和分辨率都更高），根据光反射回来的时间判断物体的方位，当然检测光的飞行速度是几乎不能实现的，所以发射一道强弱随时间变化的正弦光束，然后计算其来回的相位差值。三是使用之前阶段输出的结果，根据追踪到的 20 个关节点来生成一幅骨架系统。Kinect 通过评估输出的每一个可能的像素来确定关节点。通过这种方式 Kinect 能够基于充分的信息最准确地评估人体实际所处的位置。

此外，Kinect 还拥有一个机械转动的底座，可以让摄像头本体能够看到更广的范围，并且可以随着用户的位置灵活变动。

四、触觉交互

Teslasuit（特斯拉服）可以说是世界上首款虚拟现实全身触控体验套件（图 2-2-8），其工作原理——肌肉电刺激（EMS）技术，即利用我们身体的“母语”。它是一套全身式的 VR 套装，由英国开发团队 Tesla Studios（特斯拉工作室）开发。穿上这套装备，用户可以切身感觉到虚拟现实环境的变化，比如可感受到微风的吹拂，甚至在射击游戏中还能有中弹的感觉。

Teslasuit（特斯拉服）主要由特殊的智能织物（智能衣）、腰带 T-Belt、手套 T-Glove 和其他绑在手臂和脚上的智能感应环组成。这种特殊的智能织物上面有非常多的小节点，直接通过脉冲电流让皮肤产生相应的感觉，它同时还装有温度传感器。

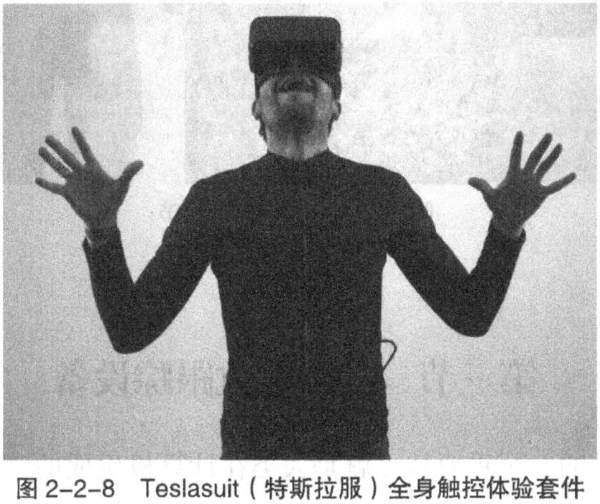

图 2-2-8 Teslasuit（特斯拉服）全身触控体验套件

腰带 T-Belt 是核心部件，它能够实时分析肌肉，测量体温，发送信息，还包含一个动作捕捉系统，能纠正姿势，传送其他的数据。它搭载一颗四核 1GHz 处理器，1GB 内存和一个 1000mAh 电池，可以无线连接到市面上绝大多数虚拟现实设备，如 Oculus（傲库路思），微软 HoloLens（全息透镜）等。并且，通过 WiFi 和蓝牙，它也能和游戏机（PSP 和 Xbox）、个人计算机、平板计算机以及智能手机建立连接。它是整套设备的主控单元。

手套 T-Glove 能提供触觉反馈以及动作感应，戴上手套后用户可以在虚拟世界中触摸、抓住或放开物体并且可以把感知传送到大脑。T-Glove 还有助于用户之间的触觉互动。

该体感服的特点是内置触觉反馈、动作捕捉、恒温控制、生物识别反馈等，采用电刺激的方式加强用户的多种体验。整套体感服包括外套和裤子，拥有多种尺码可选。套装共有 68 个触觉点，11 个动作感知传感器，内置计算单元，可兼容 Windows（视窗操作系统）、Linux、macOS（麦金塔操作系统）和 Android（安卓）系统，兼容 Unreal（虚幻引擎）、Unity 3D（3D 游戏引擎）等等。如图 2-2-9 所示，Teslasuit（特斯拉服）各部分细节。

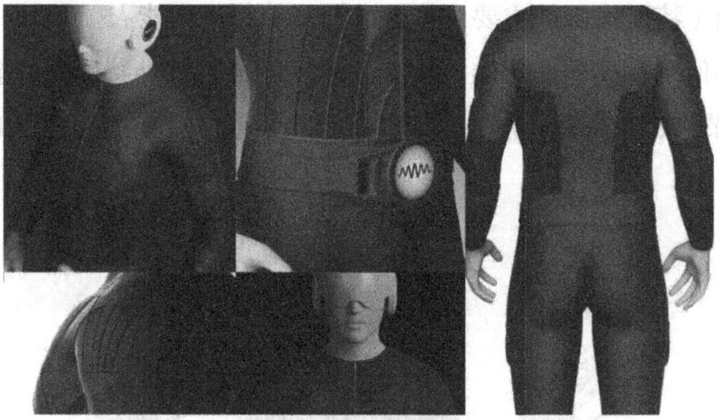

图 2-2-9　Teslasuit 细节

第三节　三维定位跟踪设备

虚拟现实技术的一个重要特点就是人类在计算机生成的三维空间内具有交互性。因此，对虚拟现实系统中用户与虚拟环境间的交互行为进行实时监测和控制就显得十分重要，以便能够在交互过程中及时、准确地得到人的动作信息。这就要求各种高精度、跟踪和定位设备高度可靠，确保所追踪物体在景物中所处位置应一致，无漂移，无抖动，并能处理虚拟物体与现实物体间遮挡关系。因此，对虚拟现实系统中跟踪定位问题应做进一步研究。通常，头盔显示器、数据手套等显示设备或者交互设备需安装跟踪定位设备，若不存在虚拟现实硬件设备，则进行空间跟踪和定位，追踪到的物体可能存在于错误的空间位置中，从而影响沉浸性。

三维跟踪定位设备对于实现人机交流至关重要，其使命就是探测位置和方位，以及向虚拟现实系统上报探测数据。它采用摄像机作为传感器获取被监控空间内图像信息，然后利用图像处理算法计算出目标物体的姿态参数及相应的位移量。通常需要对运动物体相对于某一固定物体六个自由度的值进行实时检测，即 X 和 Y、Z 坐标中位置值和绕 X、Y、Z 轴转动值。这些动作彼此正交，所以有六个独立的变量，也就是描述三维物体的宽度、高度、深度、俯仰角（pitch）、旋转角（yaw）和偏转角（roll），称为六自由度（6 DOF），用以表示三维空间内物体的方位和位置。

就虚拟现实应用而言，描述空间跟踪定位器特性的指标有定位精度、分辨率、位置修改速率与延时的关系。定位精度与分辨率是两个相似指标，但是，存在着差异，前者指由传感器测量到的方位和实际方位之间的偏差，后者指可由传感器测量到的最微小的位置改变；位置修改速率为传感器 1 秒钟内测量的次数；所谓延时，就是被测物体某一运动和传感器测得这个运动之间的间隔时间。随着现代科学技术的发展，对高精度位移、速度及加速度传感器需求越来越大。怎样降低抖动、噪声、漂移等是一项关键技术。

三维定位跟踪设备必须不受干扰地跟踪所探测对象，就是说，无论这类传感器建立在什么原理上，采用什么技术，均不应对被测物体运动产生影响，有几个用户的情况下，用户间亦不互相影响，通常使用非接触式的传感器。当前应用于三维跟踪定位设备的技术有：磁跟踪技术（Magnetic trackers）、光学跟踪技术、机械跟踪技术（Mechanical track-ers）、声学跟踪技术（Ultrasonic trackers）、惯性位置的跟踪技术等。

一、电磁跟踪系统

作为一种常用的跟踪器，电磁跟踪系统的使用范围相对来说广泛而成熟。电磁跟踪系统进行定位和方向的跟踪是通过磁场的强度来实现的。主要发挥作用的有三个主要部件：计算控制部件、多个发射器以及配套的接收器。电磁跟踪器开始工作，首先由发射器发射电磁场，电磁场被配套的接收器接受并转换成信号，此信号紧接着被传输到控制部件，经过控制部件的计算获得跟踪目标的数据，最终，经过多个信号综合后获取到被追踪物体的 6 个自由度数据。

如要测量一个 X 轴方向的距离，电流在 X 轴方向上从主动线圈发出电磁波，与此同时，被动线圈会相应获得感应电流，感应电流的大小是由主动和被动线圈之间的距离决定的，它们之间呈正比关系，由此计算出在 X 轴方向主动线圈和被动线圈之间的距离。除此之外，感应电流在被动线圈中的大小，还跟主动和被动线圈之间的交角的方向有关系。当它们之间交角的方向发生改变时，被动线圈中感应电流的大小也会随之发生变化。

电磁跟踪系统一般有两种：交流电发射器型和直流电发射器型。它们之间的区别是发射磁场有所不同，一般来说，交流电发射器使用得更多。

（一）交流电发射器型电磁跟踪设备

交流电发射器型电磁跟踪设备，由互相垂直的三个线圈构成。当交流电通过时，就会通过线圈产生三个不同的磁场分量，在空间传递。接收器同样是由三个线圈组成，它们同样互相垂直，当线圈中的磁场发生变化，就会出现一个感应电流，这个感应电流的大小由发射器和接收器之间的距离决定。三个发射线圈分别对应三个感应线圈，通过电磁学计算后就可以得出 9 个感应电流，通过这 9 个电流计算出发射线圈和感应线圈两者间的距离以及角度。交流电发射器特别容易受金属干扰，因为金属物体在磁场从无到有，或从有到无的跳变瞬间才产生感应涡流，而一旦磁场静止了，金属物体就没有了涡流，也就不会对跟踪系统产生干扰。

（二）直流电发射器型电磁跟踪设备

该跟踪设备上，直流电发射器也包括三个线圈，线圈之间相互垂直。工作时不同于交流电发射器型电子跟踪设备，它发出的是一串脉冲磁场，也就是在瞬间由零跳至一定强度的过程，再跳变回零，如此循环形成一个开关式的磁场向外发射磁场。感应线圈收到该磁场，然后进行一些加工，它可以像交流电发射器系统那样，获得所追踪对象的方位。直流电发射器抗干扰能力强，可避免金属物体对其产生扰动。这是由于在磁场中金属物体的涡电流从无到有或从有到无的过程，跳变瞬间才能形成感应涡流，而磁场一静止下来，金属物体则不会产生涡流，也不影响跟踪系统的工作。

电磁跟踪系统的突出优点就是体积较小，不会影响使用者的自由支配，电磁传感器不存在遮挡问题（接收器和发射器之间容许有别的东西），价格低廉，精度适中，采样率较高（可达每秒 120 次），工作范围最大可达 $60m^2$，多个电磁跟踪器可用于追踪全身动作，并加大了跟踪运动幅度。目前电磁跟踪系统已成为一种很有效的武器。但是，也出现了这样或那样的问题：电磁传感器容易受到干扰，可能会因为磁场变形引起误差（电子设备和铁磁材料会使磁场变形以及凡是 8~1000Hz 的电磁噪声都会对它形成干扰。直流电磁场可以用补偿法，交流电磁场不可以用补偿法），测量距离增大，误差也随之增大，时间延迟大且存在微小抖动。

多数时候，敌手都利用电磁追踪系统，主要原因是手能伸缩，能晃动，甚至被隐藏，而不会影响电磁跟踪系统的使用。而另一些跟踪技术则很难达到这样的效果。此外，电磁跟踪系统的尺寸也很小，不影响手部各项动作。目前电磁跟踪器已经广泛地应用于游戏和视频监控等领域。但因其时间延迟大，从而使其在真实交互方面的使用受到限制。

二、声学跟踪系统

人耳能听到的声波频率为 20Hz~20kHz，当声波的振动频率大于 20kHz 或者小于 20Hz 时，人耳无法听见。一般将人耳能够听见的声波称为可闻波，在 20kHz 以上的声波称为超声波，属于机械振动波。超声波可应用于一定范围的无接触式定位，定位精度比较高，另外超声波技术结构简单、成本较低、易于实现，并且超声波收、发探头价格低廉，因此被人们广泛应用于测距以及跟踪定位系统中。由于使用的是大于 20kHz 的超声波，人的耳朵捕捉不到，因此声学跟踪系统又被称为超声跟踪系统。它通过检测物体表面反射回来的声波来确定其位置。但是，由于超声波受空气影响，衰减很大，传播距离通常仅数十米，仅用于较小范围内的跟踪和定位。为了克服这个缺点，人们提出了一种新的方法——超声波传感器，它由发射器、接收器以及电子部件构成。发射器主要用来发射电磁波信号，而接收器则用于接受反射回来的回波并将其转换为电信号。发射器由三个相隔一定距离的超声扩音器组成，接收器由三个距离很近的话筒组成。周期性激发各超声扩音器，由于在室温条件下的声波传送速度是已知的，根据 3 个超声话筒所接收到的3个超声扩音器周期性发出的超声波，便可计算出装超声话筒平台与装超声扩音器平台之间的位置及方向。利用该原理设计的定位系统称为超声波定位装置。当前，超声波定位装置大致可分为两大类：第一类，所述超声波发射器增设于所述待处理对象上，若干超声波接收器安装在所述对象的四周；第二类，类似第一类，区别在于，待定位物体上安装有超声波接收器，在物品四周安装发射器。其工作原理是发射器发出高频超声波脉冲（频率20kHz以上），由接收器计算收到信号的时间差、相位差或声压差等，即可确定跟踪对象的距离和方位。按测量方法的不同，超声波跟踪定位技术可分为相位相干（Phase Coherent，PC）测量法和飞行时间（Time of Flight，TOF）测量法。相位相干法通过比较基准信号和接收信号之间的相位差来确定发射器和接收器之间的距离，其原理是：发射的声波是正弦波，发射器与接收器的声波之间存在相位差，这个相位差也与距离有关。飞行时间法同时使用多个发射器和接收器，通过测量超声波从发射器到接收器的飞行时间进而确定距离。超声波在空气中的传播速度与温度有关，设环境温度为T，则传播距离S与飞行时间t的关系为：$S=(331.45+0.607\times T)\times t$，通常认为传播速度大约为340m/s。为了测量物体位置的6个自由度，至少需要3个接收器和3个发射器，获得任意两个发射器与接收器之间的9个距离参数，从而计算被定位物体的位置和方位。应用上述测距原理，可计算出处于空间坐标系中的物体位置坐标。

电磁和临近的物体都无法干扰和影响到声学跟踪器，它的接收器体积轻巧，可装到头盔里。需要注意的是，声学跟踪器在使用过程中信号传输不可被阻挡，并且受温度和气压、湿度影响以及环境反射声波作用。

超声传感器与电磁传感器均为常见位置传感器且具有中等精度，多用于手和头的追踪。受磁阻效应的影响，两种传感器在工作中不能互相转换，只能用一种方法来测量两个方向上的位移量。作用范围大时，低频磁场式传感器具有更加明显的优势。但是，当有磁性物体存在于其作用范围之内，低频磁场式传感器精度显著下降。

三、光学跟踪系统

光学跟踪技术是常见的跟踪技术之一。它一般是使用摄像机和其他装置来获得影像，通过立体视觉的计算，用传递时间或者光的干涉测量，以及通过观察所述多个参照点定位所述目标的位置。光学跟踪系统中，感光设备种类繁多，小至普通摄像机，大至光敏二极管。可以使用多种光源，红外、激光是最常用的光源之一。其他如被动环境光（如立体视觉）、结构光（如激光扫描）或者脉冲光（如激光雷达）都是可以使用的。

（一）标志系统

有人把标志系统称为信号灯系统，或者叫固定传感器系统。它是目前应用最广泛的光学跟踪技术之一，有自外向内和自内向外两种构造方式。在自外而内的标志系统中，一个或几个发射器装在被跟踪的运动物体上，一些固定的传感器从外面观测发射器的运动，从而得出被跟踪物体的运动情况。自内而外系统则完全不同，安装在运动物体中的传感器由内到外观察这些固定发射器，由此获得其运动情况，类似人类通过对周围固定景物变化的观察来获得其身体位置的改变。自内而外系统比自外而内系统更容易支持多用户作业，因为它不必去分辨两个活动物体的图像。但自内而外系统在跟踪比较复杂的运动，尤其是像手势那样的复杂运动时就很困难，所以数据手套上的跟踪系统一般还是采用自外而内结构。

（二）模式识别

模式识别指跟踪器通过比较已知的样本模式和由传感器得到的模式来得出物体的位置，是标志系统的一个改进。把几个发光二极管（LED）那样的发光器件按某一阵列（样本模式）排列，并将其固定在被跟踪对象身上。然后由摄像机跟踪拍摄运动的 LED 阵列，记录整个 LED 阵列模式的变化。这实际上是将人的运动抽象为固定模式的 LED 点阵的运动，从而避免从图像中直接识别被跟踪物体所带来的复杂性。

但当目标之间的距离较近时，很难精确测出位置和方向，并且会受到摄像机分辨率的限制和视线障碍的影响，这类系统仅适用于相对小的有效测量空间。光学跟踪系统通常在台式计算机上或墙上安放摄像机，在固定位置观察目标。为了得到立体视觉和弥补摄像机分辨率不足的问题，通常会使用多于一个的摄像机和多于一种摄像面积（如窄角和广角）的镜头，这个系统可直接确定位置和方向，而且在摄像机的分辨率足够时还可增加摄像机的数量，覆盖任意区域。

另外一种基于模式识别原理的跟踪器是图像提取跟踪系统。它应用剪影分析技术，其实质是一种在三维上直接识别物体并定位的技术，使用摄像机等一些专用的设备实时对拍摄到的图像进行识别，分析出所要跟踪的物体。这种跟踪设备容易使用但较难开发，它由一组（两台或多台）计算机拍摄人及人的动作，然后通过图像处理技术来分析确定人的位置及动作，这种方法最大的特点是对用户没有约束，它不会像电磁跟踪设备那样受附近的磁场或金属物质的影响，因而在使用上非常方便。

图像提取跟踪系统对被跟踪的物体距离、环境的背景等要求较高，通常远距离的物体或灯光亮暗都会影响其识别系统的精度。另外，较少量的摄像机可能使被跟踪环境中物体出现在拍摄视野之外，而较多的摄像机又会增加采样识别算法复杂度与系统冗余度，目前应用并不广泛。

（三）激光测距系统

激光测距系统通过向被测物发射激光，再接收物体反射回的光进行定位。激光经一衍射光栅射向追踪对象，再接收物体表面反射二维衍射图信号。反射后衍射图具有一定程度的畸变，而且这种畸变和距离相关，因此它可以作为衡量距离的指标。

与其他位置跟踪系统一样，激光测距系统的工作空间也有限制。由于激光强度在传播过程中的减弱会使激光衍射图样变得越来越难以区别，所以精度会随距离的增加而降低。

（四）机械跟踪系统

机械跟踪器原理是利用机械臂中参考点接触被测物体，从而探测位置变化。由于在跟踪过程中存在着误差积累问题，因此需要对机械系统进行补偿。对于一个六自由度的跟踪器，机械臂需由六个独立机械连接部件组成，分别与六个自由度相对应，可以把任何复杂动作都表示为若干简单平动与转动的结合。

精确、响应时间短是机械跟踪系统的优点，不容易受外界声音、电磁波等因素影响。它可以应用于视频监控、虚拟现实、机器人导航等领域。例如，虚拟演播室摄像机参数的机械跟踪，就是在摄像机镜头与云台之间设置准确运动参数编码器来实现，获取摄像机位置信息以及运动参数，角度定位精度及分辨率可达

0.001 度量级，位移定位精度及分辨率均达 0.01mm 量级。所以，这种方式可以实现较高的精度。不足之处在于体积较大，不够灵活，无法提供较大工作空间。

（五）惯性位置跟踪系统

和机械跟踪技术相同，惯性位置跟踪技术曾经被视为一种相对落后的跟踪技术。但随着微机械学（micromachine）的发展，又渐渐变成了大家关注的目标。它是利用盲推（dead reckoning）来获得所追踪对象在移动过程中的方位，即全依赖于运动系统内部推算，无需获取外部环境中的位置信息。惯性跟踪器一般由 3 个相互垂直的陀螺仪与 3 个相互垂直的加速计构成，加速计用来测量被测物体沿三个轴向的移动，陀螺仪用于测量围绕三个轴旋转的速度，从而获得追踪位置、朝向。尽管可以使用基于陀螺仪和加速计的传感器来测量完整的六个自由度的位置变化，但由于提供的是相对测量值，而不是绝对测量值，系统的错误会随时间累计，从而导致信息不正确。在实际的虚拟现实系统应用中，这类系统仅用于方向的测量。

传统的惯性位置追踪器尺寸都比较大，而且精度不高。随着科学技术的发展，尤其是微米 / 纳米技术的发展，以微机械加工为基础的现代惯性位置跟踪器也摆脱了体积庞大、笨拙的形象，具有体积小、重量轻的特点。它的应用价值在于，可以将惯性系统和其他成熟应用技术结合使用，用惯性系统优点弥补其他系统的欠缺。

（六）基于图像提取的跟踪系统

当前计算机技术、图像处理技术和高速摄像机技术已经发展到了较高水平，高分辨率图像的快速处理已成为可能。通过对多角度视频图像的提取对运动物体进行计算是近几年的一个研究热点。然而该方法容易受到环境光、背景、物体表面反射特性等诸多因素的影响，对使用环境有一定的要求，大范围的推广应用尚需时日。

第四节　虚拟世界生成设备

就虚拟现实系统而言，计算机为主要生成设备，因此它也被称为“虚拟现实引擎”。它在虚拟世界中建立一个情景，同时，需要对用户多种模式输入做出实时反应。虚拟现实系统的性能取决于计算机的性能，因为虚拟世界自身的复杂性和实时性计算需求，生成一个虚拟环境需要极其庞大的计算量，这就对计算机配置提出了极高的要求。比如，高速 CPU，强大图形处理能力。

通常，虚拟世界的生成设备分为三大类：一类是高性能的个人计算机，一类是高性能图形工作站，还有一类是超级计算机。以高性能个人计算机为核心的虚拟现实系统，主要是利用普通计算机组态图形加速卡，一般应用于桌面式非沉浸型虚拟现实系统中；以高性能图形工作站为核心的虚拟现实系统通常都配有 SUN 或者 SGI 的可视化工作站。

虚拟世界生成设备主要具有如下主要作用。

（1）视觉通道信号的生成和呈现

实时绘制三维立体图形，以及高真实感的复杂场景。

（2）听觉通道信号的生成和呈现

此功能支持具有三维真实感的声音的产生和播放。所谓三维真实感的声音，就是有动态的方位感、距离感强，声音具有三维空间效应。

（3）触觉和力觉通道的信号生成和呈现

支持实时人机交互操作、三维空间定位、碰撞检测语音识别和人机实时对话等，实现虚拟世界与真实世界的自然交互。

听觉通道的显示对计算机配置要求不高，触觉和味觉通道显示等方面尚在研究中，应用尚不广泛。目前，虚拟现实计算机系统基本上考虑的是视觉通道的需求。在虚拟场景中，用户可以根据自己的喜好进行选择和操作。为实现以上要求，对于虚拟现实的生成设备，也提出了要求。

（1）帧频和延迟时间的要求

VR 需要帧频高，反应快，多因其内在交互性质而产生。所谓帧频，就是新旧场景之间更新所需要的时间，达到 20 帧 / 秒或更长时间时，会出现持续移动的假象。帧频在计算机硬件中具有不同的含义，大概可归为以下几大类：图形的帧频、计算的帧频、数据存取的帧频。为维持 VR 环境下亲临其境的感觉，图形帧频要尽量高，小于 10 帧 / 秒的帧频严重降低临场感和沉浸感。如果图形显示依靠计算和数据存取，那么计算和数据存取帧频的最小值一定要维持在 8~10 帧 / 秒，才能维持使用者对时间演化产生观看错觉。

就虚拟现实系统而言，想要达到交互的实时性，需要控制时间。如果响应时间（滞后时间）太长，会导致图像模糊或产生空洞，给用户带来身体上的不适，严重者可出现头昏呕吐。所谓延迟时间，就是从用户的行为出发（如用户转动头部），经三维空间跟踪器对使用者的位置进行感知，将信号传给计算机，计算机对新的显示场景进行运算，向视觉显示设备发送新的场景，直到视觉显示设备呈现新的场景。本质上讲，延迟是由计算机系统造成的，诸如计算时间、数据存取时间、绘制时间和外部输入/输出设备处理数据时间，都会导致延迟。帧频延迟产生的根源为数据存取、计算和图形。通过实验我们发现，超过几个毫秒以上的延迟将对用户性能产生影响，且大于 0.1s 时，延迟影响严重。

（2）计算能力和场景复杂性

虚拟现实技术中的图形显示等，是一种时间受限的计算。所以，要控制延时，使显示的帧超过 8~10 帧/秒，才能满足人的视觉需求。例如，一个场景的计算需要用 0.1 秒完成，如果场景中有 10000 个三角形（或多边形），在每秒 10 次的计算中，你应该算 100000 个三角形（或多边形）。需要计算机有足够大的内存才能满足计算能力。

如果需要更真实的模拟效果，要提高场景的复杂性。在所展示的景物中，三角形（或多边形）数量越多越好，这样所表现出来的场景就越真实，与此同时，对计算能力的要求也就越高。如果使用配置不高的计算机，会限制对复杂场景的计算能力。每个场景中，只能使用较少的三角形（或多边形），画面会显得粗糙。因此，在计算复杂场景时，一定要考虑计算能力。

一、基于 PC 的 VR 系统

虚拟现实技术想要实现大众传播，正确的途径是“发展现有的技术”。据统计，2022 年全球 PC 出货量约为 2.92 亿台。PC 机的优点是价格低廉，易于推广和开发。因此，可以对已有计算系统进行更新，生成虚拟现实所需的各种新功能。

对于建立在 PC 端环境下的虚拟现实系统，一方面，计算机 CPU 及三维图形卡处理速度越来越快，为了打破种种瓶颈，如总线带宽，系统结构也不断被开发出来；另一方面，可借用大规模 UNIX 图形工作站并运行处理技术，通过多个 CPU 以及多个三维图形卡，把三维处理任务分配给不同 CPU 及图形卡，能使系统性能倍增。

二、高性能图形工作站

相对于个人计算机而言，工作站有较强的数据处理及图像处理能力，可以提供人机交换用户接口，连接到计算机网络，实现广泛意义上的信息互通和资源共享。所谓图形工作站，是对专门进行图形、图像（静态）的工作站、图像（动态）和视频工作的专用计算机的统称。图形工作站广泛应用于跟图形、视频处理相关的行业，如专业平面设计、影视动画、建筑与装潢设计、视频编辑等。

判断一个图形工作站图形性能指标主要有以下三个方面。

（一）specfp95

specfp95 衡量了系统浮点数运算能力，一般来说 specfp 越大，系统 3D 图形能力就越强。

（二）xmark93

xmark93 是系统运行 x-Windows（视窗操作系统）性能的度量。

（三）plb

plb（picture level benchmark）分为 plbwire93 和 plbsurf93，在使用这两种尺寸规格时必须注意其定义上的不同。plbwire93 表示几种常用的 3d 线框操作的几何平均数，plbsurf93 表示几种常用的 3d 平面运算的几何平均数。

三、超级计算机

超级计算机是能够完成普通个人计算机所不能完成的海量数据和高速运算的计算机。在基本构成方面，两者并无特殊区别，但超级计算机具有强大的数据计算处理能力，表现在高速度（运算速度大多能达到 1 万亿 / 秒以上）和大容量存储，是超大型电子计算机。另外，它配备各种内外设备及内容丰富、高功能软件系统。在虚拟现实技术迅猛发展的今天，有关数据量渐渐变得极为巨大，它还要求用超级计算机进行加工。

就虚拟现实系统而言，有的如流体分析，风洞流体、复杂的机械变形以及其他现象，这类问题涵盖了复杂物理建模和复杂求解两个方面，所以数据量很大，场景的数据结果需通过超级计算机进行运算，然后利用网络将其送至展示其图形的“前端”工作站上加以展示。

超级计算机本身具有的高科技要素，是全球范围内经济竞争、国防力量竞争的有力武器。随着全球计算机技术进步，以及我国科技工作者数十年的努力，我国高性能计算机发展水平明显提高，成为仅次于美国和日本的高性能计算机开发和生产大国。

国内超级计算机研发工作成绩显著，“银河”“曙光”和“神威”系列超级计算机相继投入使用。中国并行计算机工程技术研究中心开发出了全球运算速度最高的超级计算机，采用中国自主芯片生产“神威太湖的光芒”。这台计算机浮点运算速度为 9.3 亿亿次 / 秒，比此前连续 6 次雄踞世界超级计算机 500 强榜的“天河二号”超级计算机浮点运算速度提高了一倍。

超级计算机一般分为六种实际的机器模型：单指令多数据流机（SIMD）、并行向量处理器（PVP）、对称的多处理机（SMP）、大型并行处理机（MPP）、工作站群（COW）和分布共享存储器多处理机（DSM）。

从硬件结构上看，超级计算机体积庞大。例如，“ASCI 紫色”计算机的尺寸相当于 200 个电冰箱，重量达到 197 吨，拥有非常强大的计算能力，内部由 250 余公里光纤及铜制电缆组成，具备超强存储功能。超级计算机速度的产生是大量芯片共同作用的结果，微处理器也不止一种。这些超级电脑可以像人一样进行复杂的计算和处理。目前世界上最先进的计算机一般都是用成千上万台个人计算机构成的集群机系统。例如，“白色”超级计算机采用 8000 余个处理器协同动作。而日本的 NEC 公司研制的“地球模拟器”采用了常见的平行架构，采用 5000 多个处理器，在这些芯片上运行着各种程序。上海超级计算中心研制的“曙光 4000A”，使用 2560 枚 Opteron 芯片，运算速度可达 8.061 万亿次 / 秒。

第三章　虚拟现实技术的相关软件

本章主要涉及虚拟现实技术的相关软件的介绍，共分为四节内容，分别为三维建模软件、虚拟现实开发平台、实时仿真平台 Creator 与 Vega Prime（实时三维虚拟现实开发工具）、虚拟现实开发常用脚本编程语言介绍。

第一节　三维建模软件

二维图形表示形体往往不够立体真实，因此，为了使产品更具真实感，设计者往往需要借助三维模型进行设计。特别是三维建模技术的不断发展与成熟运用，实现了产品设计由二维向三维跨越。三维建模技术不仅能够为工程设计提供精确可靠的数据基础，而且还能使设计人员快速准确地对产品进行造型，所以三维建模技术又成了工程技术人员必须掌握的一项基本技能。三维建模需借助三维建模系统完成。各类三维建模软件基本原理相似，在学习了一个建模软件之后，再学别的软件就很简单了。

一、3ds Max

3ds Max 是目前最为大众化，应用最为广泛的三维动画设计软件之一。它的主要功能是建模、动画和渲染软件，在视觉效果、角色动画和游戏开发领域被广泛地应用。为了使产品更具有真实感，设计者往往需要借助三维模型进行设计与修改，在许多设计软件里，3ds Max 成为首选产品，由于其硬件要求不高，能够在 Windows（视窗操作系统）的操作系统中稳定地工作，易于掌握，而且国内外学习教程最为丰富。

（一）3ds Max 简介

3ds Max 是 Autodesk（欧特克）公司旗下 Discreet 子公司推出的，其强大的功能和良好的交互性，使它成为目前应用最为广泛的三维动画制作软件之一。3ds Max 产品系列由来已久，处于 DOS 时代，3D Studio 就有一大批用户。1996 年发布的 Windows（视窗操作系统）平台下的 3D Studio Max 1.0 在 3D Studio 的基础上有更大的突破，成为一款集建模、渲染、动画为一体的三维动画制作软件。随着计算机技术与网络技术的不断融合，三维图形绘制软件逐渐被开发出来并广泛应用于各个行业领域中。随着与计算机有关的产品开发，3ds Max 还实现了版本不断升级。3ds Max 提供了迄今为止功能最强大、种类最丰富的工具集，可自定义工具，用户可用其更高效地跨团队协作以及更快速、更自信地工作①。

3ds Max 具有强大的三维造型功能和外挂插件的能力，以及操作方式灵活，简单易学的特点，深受用户赞誉。3ds Max 能大大增强产品的表现力和视觉效果，因此在广告、影视、工业设计、建筑设计等视觉领域广泛使用，且完全兼容虚拟现实软件。

3ds Max 用于产品设计，可以制作出接近真实的物体，还可以模拟物体动态运行画面，直观展示物体形态。它一般通过三种方法，建立各种物体模型：Mesh（网格）建模、Patch（面片）建模和 Nurbs 建模。这些方法都具有各自不同的特点和局限性，其中应用最多的就是 Mesh 建模，它能产生多种形态，但是对于对象来说，倒角效果并不是很好。

3ds Max 还具有强大渲染功能，并可与外挂渲染器相连，能渲染非常逼真的效果和现实生活中看不见的效果。

3ds Max 与其他建模软件相比有以下优点。

（1）对于硬件系统要求不高，普通 PC 常见配置即可达到学习要求，具有不错的性价比。

（2）它的制作流程非常简洁，制作效率高，对于初学者来说很容易进行学习。

（3）它在国内外拥有最多的使用者，便于大家交流学习心得与经验。

---

① 向魏，黄磊 .3D 基础与多边形编辑 [M]. 重庆：重庆大学电子音像出版社 ,2020.

（二）3ds Max 的操作界面

3ds Max 的界面主要由菜单栏、主工具栏、工作视图、命令面板、视图控制区、轨迹栏、动画控制区、状态提示区和 Max 命令输入区 9 大部分组成，各部分的功能如下。

1. 菜单栏

菜单栏位于屏幕上方，共有 14 个菜单项。

（1）文件

该菜单项中的命令主要完成文件的打开、新建、存储、导入、导出和合并等操作。

（2）编辑

该菜单中的命令主要完成对场景中的物体进行复制、克隆、删除和通过多种方式选择物体等功能，并能撤销或重复用户的操作。

（3）工具

该菜单中的命令主要完成对场景中的物体进行镜像、阵列、对齐、快照和设置高光点等操作。

（4）组

用于将场景中选定的物体进行组合，作为一个整体进行编辑。其中包括成组、解组、打开组、关闭组、附加、分离和炸开等操作。

（5）视图

用来控制 3ds Max 工作视图区的各种特性，包括视图的布局、背景、栅格显示设定、视图显示设定和单位设定等功能。

（6）创建

用于在场景中创建各种物体，包括三维标准基本几何体、三维扩展基本几何体、AEC 建筑元件物体、复合物体、粒子系统、NURBS 曲面、二维平面曲线、灯光、摄影机、辅助物体和空间扭曲等。

（7）修改器

提供对场景中的物体进行修改加工的工具，其中包括选择修改器、面片 / 曲线修改器、网格修改器、运动修改器、NURBS 曲面修改器和贴图坐标修改器等功能。

（8）Reactor（反应堆）

Reactor 的功能十分强大，它使用户能够控制运动物体来模仿复杂的物理运动，在该菜单中可以完成 Reactor 物体的创建、编辑和预演等操作。

（9）动画

该菜单提供制作动画的一些基本设置工具，包括 IK 节点的设定、移动控制器、旋转控制器、缩放控制器和动画的预览等。

（10）图表编辑器

该菜单提供用于管理场景及其层次和动画的图表窗口。

（11）渲染

该菜单主要提供渲染、环境设置、效果设定、后期编辑、材质编辑和光线追踪器设定等许多功能，且新增若干关于预览和内存管理的功能。

（12）自定义

该菜单提供定制用户界面，自定界面的加载、保存、锁定和转换等操作，还可以完成视图、路径、单元和栅格的设置功能。

（13）Max Script（脚本）

该菜单主要提供在 3ds Max 中进行脚本编程的功能，包括脚本的新建、打开、保存、运行和监测等功能，而且 6.0 版本以后还新增了 Visual Max Script 可视化脚本编程功能。

（14）帮助

该菜单提供帮助信息，包括 3ds Max 的使用方法、Max Script 脚本语言的参考帮助和附带的实例教程等。

2. 主工具栏

主工具栏的按钮包括历史记录、物体链接、选择控制、变换修改、操作控制、捕捉开关、常用工具、常用编辑器和渲染等。当鼠标放在主工具栏空白处的时候就会变成小手形状，拖动鼠标就能实现工具栏的移动。

3. 工作视图区

工作视图区由 4 个视图组成，依次为顶视图、左视图、前视图和透视图。

4. 命令面板

命令面板作为 3ds Max 的主要组成部分，它提供了创建对象、修改对象以及编辑层级动画等功能。命令面板一共由 6 个子面板组成，依次是“创建”面板、“修改”面板、“层级”面板、“运动”面板、“显示”面板和“实用工具”面板，并且以选项卡的形式组织，通过单击这些选项卡可以进入相应的命令面板，有的面板还包括子面板。

5. 视图控制区

视图控制区包括八个按钮，通过它们调节观察角度和位置，找到最佳的观察物体的视角。

6. 轨迹栏

在 3ds Max 中制作动画以帧为单位，但在制作时并不需要将每一帧都制作出来，而是将决定动画内容的几个主要帧确定下来，然后由系统通过在这几个帧的中间进行插值运算，自动得到物体在其他帧中的状态，从而得到连续的动画，习惯上将这几个主要的帧称为关键帧。

工作视图区的下面就是轨迹栏，由两部分组成。上端称为时间滑块，拖动这个滑块，可以看到当前的帧数，实现对帧的定位，如果想要实现一帧一帧的移动，可单击时间滑块两侧按钮；下端为关键帧指示条，能明确了解关键帧总数量及各关键帧所处位置。例如，在第九帧位置处定义关键帧，然后，关键帧指示条第九帧位置有暗色标志，代表这一帧是关键帧。

7. 动画控制区

所述动画控制区位于视图控制区左侧，主要是提供了动画记录开关按钮和播放动画控制工具。

8. 状态提示区

状态栏在接口下，X、Y、Z 三个显示框提供当前对象的位置信息，在对象的编辑过程中，可提供相关编辑参数。同时在鼠标光标移动到一个特定区域后，系统会自动给出该区域内任意一点的坐标，方便用户对其进行定位和控制。另外，状态提示栏也能实时给出接下来可行的操作。

9.Max 命令输入区

这个区域在界面左下角，它的功能是录入简单 Max Script 脚本语句，编译执行。但是，遇到复杂语句需要借助脚本编辑器才能实现。

二、Maya

Maya 由美国 Autodesk（欧特克）公司制作，是目前技术最先进的三维动画软件。主要用在视觉要求较高的专业影视动画、电影特技等方面。它的功能强大，但却简单易学、操作灵活，同时有着真实感特别强的渲染功能，是一款电影级别的高端三维制作软件。

Maya 技术先进，价格昂贵，是每一位动画制作者魂牵梦绕的制作工具。经过 Maya 调整模拟后，角色动画会渲染出如实物般真实的效果，极大提高制作效率和品质。

Maya 集成了 Alias、Wavefront，在动画行业里，它被认为是最有价值的动画和数字效果技术软件之一。其强大功能，既包含了一般三维，又与最先进对的建模、数字化布料模拟、毛发渲染等技术联合。通过这些强大的软件，用户可以快速地创建出逼真的模型或虚拟场景。Maya 可在 Windows NT 与 SGI IRIX 操作系统上运行。它能够为用户提供多种风格的交互式设计界面，并可以对不同材质的图像进行编辑处理，使其产生具有独特艺术魅力的虚拟场景。

（一）Maya 软件的 3D 建模功能

Maya 软件使制作者可以从容应对角色创建和数字动画制作的挑战，为制作者提供基于强大的可扩展 CG 流程核心，而打造出功能丰富的集成式 3D 工具。Maya 软件的 3D 建模功能包括以下 10 个方面。

1. 形状创作工作流（增强功能）

借助更加完整的工作流，为角色装备提供艺术指导。借助全新的姿势空间变形工具集、混合变形 UI 和增强的混合形变变形器，制作者能够更精确、更轻松地实现想要的效果。

2. 对称建模（增强功能）

借助镜像增强功能和工具对称改进，可更加轻松地进行对称建模。借助扩展的工具对称，制作者可以胸有成竹地实现完全无缝的网格。

3. 全新雕刻工具集

以更艺术和直观的方式对模型进行雕刻和塑形。新的雕刻工具集在以前版本的基础上实现了巨大提升，提供了更高的细节和分辨率。笔刷具备体积和曲面衰减、图章图像、雕刻 UV 等功能，并支持向量置换图章。

4. 简化的重新拓扑工具集

优化网格以产生更清晰的变形和更好的性能，四边形绘制工具将放松和调整功能与软选择和交互式变形工具集成。

5. 多边形建模

享受更可靠的多边形建模。利用高效的图库，可对多边形几何体执行更快速一致的布尔运算操作。使用扩展的倒角工具生成更好的倒角。更深入集成的建模工具包可简化多边形建模工作流。

6.OpenSubdiv 支持

此功能由 Pixar（皮克斯）以开源方式开发，并采用了 Microsoft Research（微软研究）技术。同时使用平行的 CPU 和 GPU 架构，变形时显著提高了绘制性能。以交互方式查看置换贴图，无需进行渲染。紧密匹配 Pixar（皮克斯）的 RenderMan 渲染器中生成的细分曲面。

7.UV 工具集

借助于多线程展开算法和选择工作流，制作者可以快速创建和编辑复杂 UV 网格并获取高质量的结果，轻松切换棋盘和压缩着色器，实现对 UV 分布的可视化。Maya 支持加载、可视化和渲染 UDIM 以及 UV 标记纹理序列，使用 Mudbox3D 数字雕刻和纹理绘制软件以及某些其他应用程序提供更简化的工作流。

8. 多边形和细分网格建模

利用经实践检验的直观 3D 角色建模和环境建模工具集创建和编辑多边形网格，基于 dRaster 中 NEX 工具集的技术构建了集成式建模功能集，工具包括桥接、刺破、切割、楔形、倒角、挤出、四边形绘制和切角顶点。制作者可在编辑较低分辨率的代理或框架时预览或渲染平滑细分网格。

多边形和细分网格建模功能还包括以下几点。

（1）真正的软选择、选择前亮显和基于摄影机的选择消隐。

（2）用于进行场景优化的多边形简化、数据清理、盲数据标记和细节级别工具。

（3）可在不同拓扑结构的多边形网格之间传递 UV、逐顶点颜色和顶点位置信息。

（4）基于拓扑的对称工具用于处理已设置姿势的网格。

9. 曲面建模

通过 NURBS（非均匀有理 B 样条）或层次细分曲面使用相对较少的控制顶点在数学上创建具有平滑性的曲面，为细分曲面的不同区域增加复杂度。借助对参数化和连续性的强大控制能力，实现 NURBS 曲面的附加、分离、对齐、缝合、延伸、圆角或重建。将 NURBS 和细分曲面与多边形网格进行相互转化，使用基于样条线的精确曲线和曲面构建工具。

10.UV、法线和逐顶点颜色

使用简化的创意纹理工作流创建和编辑 UV、法线和逐顶点颜色（CPV）数据，软件、交互式或游戏内 3D 渲染需要额外的数据，多个 UV 集允许针对各纹理通道分别使用纹理坐标。通过实例 UV 集使用单个网格来表示多个对象，针对游戏设计，提供多套可设置动画的 CPV、预照明、用户定义法线以及法线贴图生成。

（二）Maya 和 3ds Max 的区别

Maya 和 3ds Max 两者没有好坏之分，但是使用的目的是不同的，二者的差异主要表现在如下四个方面。

1. 工作方向

3ds Max 主要用于建筑动画、建筑漫游和室内设计等领域。

2. 用户界面

在用户界面上，Maya 用户界面更加人性化，Maya 是三维动画软件中的一颗新星，受到了行业的青睐与喜爱。

3. 软件应用

Maya 软件多用在动画片、电影的特效制作上，一些电视栏目、广告、游戏中也有使用。3ds Max 软件也可用于动画片和游戏制作方面，除此以外，可用于制作建筑效果图和建筑动画。

4. 功能

Maya 主要应用在影视制作方面。它的 CG 功能很强大，包括基本的建模、粒子系统，还可和其他技术联合，进行毛发生成、植物创建、衣料仿真等。而 3ds Max 拥有大量的插件，可以以最高的效率完成工作。

三、Autodesk 123D

Autodesk 123D 也是由 Autodesk（欧特克）公司推出的。它颇具魔力，只需要拍几张物体照片并上传，就能自动生成 3D 模型。它操作简单，使用方便，有了这个软件以后，不需要繁杂的专业知识，就可以快速地从周围事物抓取到三维模型，做成电影或者实物艺术品。它不仅为设计师提供了一种全新的设计思路，更重要的是，它可以使设计者快速完成各种不同类型的产品设计与开发工作。另一个优势，Autodesk 123D 不收费，人们都能轻松接触并使用它，它拥有 6 款工具，其中包含 Autodesk 123D Catch、Autodesk 123D Make、Autodesk 123D Sculpt、Autodesk 123D Creature、Autodesk 123D Design 以及 Autodesk 123D Tinkercad。

（一）Autodesk 123D Catch

Autodesk 123D Catch 利用云计算的强大能力，只要将数码照片导入软件，就可自动生成三维模型。因此，只要会拍照，使用手机、数码相机抓拍物体，每个人都可以用 Autodesk123D 把图片变成一个栩栩如生的三维模型。该软件提供了一个简单易用且功能强大的三维建模工具，可以快速创建出各种不同风格的虚拟场景以及具有真实感的特效。通过申请，用户也可以很方便地抓取三维环境下自己的头像或者度假场景，还可使用内置共享的功能，让用户分享移动设备和社交媒体中的短片、动画等。

（二）Autodesk 123D Make

使用 Autodesk 123D Make 可以将 3D 模型做成实际物体。它能够将测量出的三维模型数字变为二维图案，再打印出来。打印的材料可以是硬纸板、木料、布、金属或者塑料等，最后将打印出来的图案拼装组合。

（三）Autodesk 123D Sculpt

3D 模型完成后，便可使用 Autodesk 123D Make 把它做成实物。这是一个运行于 iPad 的应用，能使每个热爱创作的人都能很容易地做出自己的雕塑模型，并能够在这些雕塑模型上绘画。这个软件还具有很好的交互能力，Autodesk 123D Sculpt 内有很多基本的形状与物件，如圆形、方形等，人类头部模型，以及汽车、小狗、恐龙、蜥蜴、飞机等。只要你把需要绘制的物体放置到屏幕中，然后按一下按钮就会出现相应的图形。

利用这个软件中的内置造型工具，通过一系列操作如推、平、凸起和其他操作在 Autodesk 123D Sculpt 中的初级模型，不久就有了很有性格的造型。然后通过工具栏中的颜色和贴图工具，对石膏色的模型进行美化。另外，还可以更换环境背景。该软件还提供给用户各种形式和不同尺寸的自由设计空间，从而能制作出各式各样的立体效果。这款软件更是能把 SketchBook 上制作出来的作品当作材质图案，将它打印到这些三维物体的表面。

（四）Autodesk 123D Creature

Autodesk 123D Creature 是一款基于 IOS 的 3D 建模类软件，多种生物模型可以基于用户想象进行生成。该软件不仅能够模拟现实世界的事物，还能模拟虚拟事物。在这一软件平台上，用户可以用三维数据，通过对骨、皮肤和肌肉的塑造，制作各种各样的、造型奇特的 3D 模型。目前，Autodesk 123D Creature 已经集成了 Autodesk 123D Sculpt 所有的功能，是一款比 Autodesk 123D Sculpt 功能更多更强的 3D 建模软件，对于爱思考、爱动手的用户而言，不失为一种很好的工具。

（五）Autodesk 123D Design

Autodesk 123D Design 可以先导入一些简单图形，在这个图形基础上设计和编辑三维模型，或者直接对某一三维模型进行修改。用 Autodesk123D Design 建立模型，像搭积木般容易，用户可根据自己的意愿建立模型。Autodesk 123D Design 是一款免费的 3D CAD（计算机辅助设计）工具。

（六）Tinkercad

Tinkercad 是一款成熟的网页 3D 建模工具。功能上，Tinkercad 有丰富的动画效果以及各种特效场景，用户通过鼠标拖动、拖拽等方式控制模型移动到指定位置；设计界面颜色鲜艳，惹人喜爱。它拥有非常体贴用户的 3D 建模使用教程，手把手地引导用户用 Tinkercad 建模，使用户能够快速入门，操作起来比较方便，非常适合少年儿童用于建模。

四、医学 3D 建模软件（Materialise Mimics 和 3D-Doctor）

在医学实践中，医学模型的功效已经得到了充分体现。不管是在术前规划还是在与患者沟通的过程中，医学模型都提供了很多便利，医学模型在整个业界得到了广泛的应用。通过快速成型制造技术可以创建准确、真实、有形的模型，人们利用实体模型可以方便地探究和评估患者的情况，更好地了解特定病理，从而作出医学诊断。因此,3D 模型可以说是患者或医疗团队讨论治疗方案的绝佳工具，甚至允许人们在手术前将弯板和植入件安装到模型内。目前，Materialise Mimics（数字化三维医学影像交互式处理系统）和 3D-Doctor（医用三维图形建模系统）是医学领域的两种常用建模软件。

（一）Materialis Mimics（数字化三维医学影像交互式处理系统）

Mimics 是一种交互式医学图像控制系统，由 Materialise（玛瑞斯）公司发明。它是一个交互式的工具箱，为用户提供断层图像的分割提取，实现可视化，Mimics 还可以实现从二维图像到三维物体的转换，以及对物体的三维渲染，并为其在不同领域的后续应用提供链接。

Mimics 为断层图像在以下领域的应用提供了链接：快速原型制造；可视化；有限元分析；计算流体力学；计算机辅助设计；手术模拟；多孔结构分析。

Mimics 可以输入各种扫描数据（CT、MRI），构建 3D 模型，实现编辑。最后将编辑完成的 3D 模型输出为一般 CAD（计算机辅助设计）、FEA（有限元分析）或 RP（快速成型）格式。Mimics 是一个高度集成并且使用方便的 3D 图像生成与编辑处理软件，并实现了 PC 机对大范围数据转换处理。

Mimics 具有如下主要优点。

（1）Mimics 的界面清晰，容易学会。

（2）快速分割工具（基于阈值和轮廓）以及准确的三维计算，确保快速取到精细三维模型。

（3）Mimics 在 IOS 环境下开发，具有 CE 和 FDA 市场认证。

（4）Mimics 基于市场要求持续开发，每年有两个版本的更新。

（5）在 Mimics 与 3-matic 结合使用的情况下，用户可直接基于 STL 文件进行设计与网格操作，不需要逆向工程。该方法可通过对三维模型进行剖切来生成虚拟手术器械库，并能以任意角度或深度观察人体组织结构。这使得用户能够根据解剖数据对植入体进行改良，并设计定制化植入体以及手术导板。

（6）Mimics 的开发商 Materialise 是创新软件和加法制造技术的世界领跑者。

（二）3D-Doctor（医用三维图形建模系统）

1.3D−Doctor 简介

3D-Doctor 也是一个三维建模系统，它由美国 Able Software 公司开发，主要用于医学领域用来做三维图像分割、三维表面渲染、体积渲染、三维图像处理、反卷积、图像登记、自动从列、测量等。该系统自从推出之后，就受到医疗机构特别欢迎。全球许多一流的医疗机构和医学研究中心，如挪威国家医院、哈佛大学、斯坦福医疗研究中心都在使用这个系统，并高于高度好评。

该软件支持 DICOM、TIFF、BMP、JPEG、Interfile、PNG 等二维及三维图像格式；支持高线及边界数据存储，提供了基于文件名识别技术对等高图元进行解析并建立相应数据结构模型。使用 3D-Doctor（医用三维图形建模系统）可以将未知格式图像文件中的二维图像序列组织为文件列表，最终形成 3D 图像。该方案实现了从医学图像到医疗产品的转换。支持 1 位黑白，8 位 /16 位灰度，4 位 /8 位 /24 位彩色图片，可实现图像数据类型转化。

3D-Doctor（医用三维图形建模系统）的胶片分隔功能，可以处理扫描录入的胶片和图片，获得二维断层图像序列。还可以从 CT、MRI 或其他图像数据源中获取三维模型数据，进行表明渲染，最终将渲染结果和数据输出为 DXF（AutoCAD）、3DS（3D Stutio）、IGES、VRML、STL、Wavefront OBJ、Rawtriangles 等图像格式。

这一体系可把每个器官界定为不同物体。通过提取物体边界，几分钟内完成物体表面渲染，还可以将材质、颜色、视角等参数交互调节。这种技术还可用于对病人的骨骼或软组织图像的分析处理，并生成具有真实感的三维图像。3D-Doctor 可以同时展示多个对象，对临床诊断及手术计划的制定有一定帮助。它可控制模型中各部分的运动及颜色变化，支持多种立体渲染方法：透明（体素为透明的）、直接对象（只显示表面体素）和最大密度（沿着光线方向，只显示最亮的体素），并可在一般 PC 机中实时完成。3D-Doctor 在渲染前，需要对物体进行边界提取。它提供了简便的操作模式，用户只需要用鼠标点击几下即可解决。

利用自动或者交互式图像分割功能，可以对简单物体进行加工，对复杂情况，可将训练区域绘制到图像中，执行智能的“对象分割”。

3D-Doctor（医用三维图形建模系统）中，三维图形可在视图窗口和剪辑窗口同时显示。视图窗口展示选定断层图像，剪辑窗口展示全部断层图像缩略图，这种技术可用于对病人的骨骼或软组织图像的分析处理。使用 3D-Doctor（医用三维图形建模系统）的调色板，窗口显示可调整为伪彩色，红、绿、蓝或者灰度。用户通过对这些不同色彩进行调节，来模拟各种皮肤纹理和物体外观。三维表面以及立体渲染窗口为物体提供三维可视化、视角调整与动画控制等。

3D-Doctor（医用三维图形建模系统等内容）为图像处理提供了丰富的功能。比如，图像旋转、方位调节、彩色分类、背景去除、模式识别、图像组合、分割、线性特征提取、图像嵌入等。

2.3D−Doctor 特点

3D-Doctor（医用三维图形建模系统）是一款世界通用的医学影像三维重建和测量分析软件，具有如下显著的特点。

（1）3D-Doctor（医用三维图形建模系统）是一款高级 3D 建模、影像处理和测量软件，支持 MRI、CT、PET、显微镜各种影像数据，可广泛用于科研和工业影像应用。

（2）3D-Doctor（医用三维图形建模系统）支持灰度图像和彩色图像，包括 DICOM、TIFF、Interfile、GIF、JPEG、PNG、BMP、PGM，RAW 以及其他文件格式。通过这些断层影像，3D-Doctor（医用三维图形建模系统）能够在 PC 上实时建立表面几何模型和体素渲染模型。

（3）3D-Doctor（医用三维图形建模系统）能够输出网格模型，包括 STL、DXF、IGES、3DS、OJB、VRML、XYZ 等格式，用于手术规划、仿真、定量分析和快速原型（3D 打印）。

（4）3D-Doctor（医用三维图形建模系统）软件界面友好，提供简体中文界面。

（5）3D-Doctor（医用三维图形建模系统）获得美国食品和药品管理局 FDA 的 510K 认证，并在国际上多次获评为顶级医学影像处理软件。

（6）3D-Doctor（医用三维图形建模系统）目前在世界被很多组织机构用于医疗、科研、工业和军事各方面的影像处理。

第二节　虚拟现实开发平台

虚拟现实开发平台具有对建模软件制作的模型进行组织显示，并实现交互等功能。目前较为常用的虚拟现实开发平台包括 Unity、VRP、Virtools、Vizard 等。

虚拟现实开发平台可以实现逼真的三维立体影像，实现虚拟的实时交互、场景漫游和物体碰撞检测等。因此，虚拟现实开发平台一般具有以下基本功能。

第一，实时渲染。实时渲染的本质就是图形数据的实时计算和输出。一般情况下，虚拟场景实现漫游则需要实时渲染。

第二，实时碰撞检测。在虚拟场景漫游时，当人或物在前进方向被阻挡时，人或物应该沿合理的方向滑动，而不是被迫停下，同时还要做到足够精确和稳定，防止人或物穿墙而掉出场景。因此，虚拟现实开发平台必须具备实时碰撞检测功能才能设计出更加真实的虚拟世界。

第三，交互性强。交互性的设计也是虚拟现实开发平台必备的功能。用户可以通过键盘或鼠标完成虚拟场景的控制。例如，可以随时改变在虚拟场景中漫游的方向和速度、抓起和放下对象等。

第四，兼容性强。软件的兼容性是现代软件必备的特性。大多数的多媒体工具、开发工具和 Web 浏览器等，都需要将其他软件产生的文件导入。例如，将 3ds Max 设计的模型导入相关的开发平台，导入后，能够对相应的模型添加交互控制等。

第五，模拟品质佳。虚拟现实开发平台可以提供环境贴图、明暗度微调等特效功能，使得设计的虚拟场景具有逼真的视觉效果，从而达到极佳的模拟品质。

第六，实用性强。实用性强即开发平台功能强大。包括可以对一些文件进行简单的修改。例如：图像和图形修改；能够实现内容网络版的发布，创建立体网页与网站；支持 OpenGL 以及 Direct3D；对文件进行压缩；可调整物体表面的贴图材质或透明度；支持 360° 旋转背景；可将模拟资料导出成文档并保存；合成声音、图像等。

第七，支持多种 VR 外部设备。虚拟现实开发平台应支持多种外部硬件设备，包括键盘、鼠标、操纵杆、方向盘、数据手套、六自由度位置跟踪器以及轨迹球等，从而让用户充分体验到虚拟现实技术带来的乐趣。

一、Unity

（一）Unity 简介

Unity 是一款游戏开发工具（图 3-2-1），由 Unity Technologies（优美缔软件）开发。它的特点是，编辑器可以在 Windows（视窗操作系统）和 Mac 系统环境下运行，制作出来的游戏能够实现多平台的发布，如 Windows（视窗操作系统）、Mac、iPhone、Windows phone8 和 Android 平台。也可实现网页游戏发布，支持 Mac 和 Windows（视窗操作系统）两种系统环境下的网页浏览。Unity 以其自身强大的交互设计能力以及丰富多样的功能，让玩家很容易就能制作出诸如三维视频游戏、建筑可视化、实时三维动画等类型交互内容。

图 3-2-1　三维建模软件 Unity

据不完全统计，目前国内有 80% 的 Android（安卓）、iPhone（苹果）手机游戏使用 Unity 进行开发。例如，著名的手机游戏《神庙逃亡》就是使用 Unity 开发的，除此之外，还有《纵横时空》《将魂三国》《争锋 Online》《萌战记》《绝代双骄》《蒸汽之城》《星际陆战队》《新仙剑奇侠传 Online》《武士复仇 2》等上百款游戏都是使用 Unity 开发的。

Unity 应用于游戏行业，但不仅限于游戏行业。在其他行业，如在工程模拟、3D 设计、三维展示等领域的应用的也十分广泛。在国内，许多公司使用 Unity 进行创建虚拟仿真教学平台、房地产三维展示。例如，绿地地产、保利地产、中海地产、招商地产等大型的房地产公司的三维数字楼盘展示系统很多都是使用 Unity 进行开发的，较典型的如《Miya 家装》《飞思翼家装设计》《状元府楼盘展示》等。

Unity 支持主流 3D 软件格式。它同时提供了功能强大的编辑器，用 C# 或者 JavaScript 等语言执行脚本功能，开发者只需要简单地使用 Unity 提供的工具，就可设计出优质的游戏产品。

随着IOS、Android移动设备的广泛推广以及虚拟现实技术在我国的崛起，Unity由于功能强大、具有很好的可移植性，在移动设备和虚拟现实领域一定会得到广泛的应用和传播。

（二）Unity 界面及菜单介绍

Unity中比较常用的面板有以下几个。

（1）Scene（场景面板）：它能够实现场景的编辑，将场景中所有的对象，如模型、灯光、材质等拖到该场景中，可实现游戏场景的自由构建。

（2）Game（游戏面板）：它的作用是在场景面板上渲染景象。该面板由多个像素构成。这个面板不能用作编辑，但却可以呈现完整的动画效果。

（3）Hierarchy（层次面板）：这个面板栏的主要作用就是展示置于场景面板上的全部物体对象。

（4）Project（项目面板）：这个面板栏的主要作用就是展示这个项目文件里除模型、材质和字体之外的全部资源列表，项目中的每个场景文件也被收录。

（5）Inspector（监视面板）：这个面板栏显示了任意对象的内在属性，其中包括三维坐标、旋转量、缩放尺寸、脚本中的变量以及对象。

（6）"场景调整工具"：可更改场景的视角，利用坐标的更换和物体法线中心位置的更换以及尺寸缩放，实现不同视角的场景展示。

（7）"播放、暂停、逐帧"按钮：用于运行游戏、暂停游戏和逐帧调试程序。

（8）"层级显示"按钮：通过勾选和撤销下拉框内图形名称，可实现相应场景在面板上的展现或者消失。

（9）"版面布局"按钮：调整该下拉框中的选项，即可编辑场景中的物体不同的布局模式。

（10）"菜单栏"：基本囊括了该软件所需要使用的全部工具的下拉菜单，它可以通过菜单栏中的"Add Tab"按钮和Window下拉菜单，实现面板的自由添加和删除，使用时非常方便。它的面板功能非常丰富，有Animation（动画面板），用来创建动画文件；Asset Store（资源商店）用于购买产品和发布产品；Console（控制台面板），用于观察和调试错误等。

在菜单栏中，主要有File（文件）、Edit（编辑）、Assets（资源）、Game Object（游戏对象）、Component（组件）、Window（窗口）、Help（帮助）七个标准菜单。

标准菜单下又各自有不同的子菜单做辅助。

二、VRP

VRP（Virtual Reality Platform,VR-Platform）是一款针对三维美工开发的软件。它由中视典数字科技有限公司自主研发，拥有完全自主知识产权。

VRP 有功能强大、适用性好、可视化程度高、操作便捷等优点。通过三维虚拟技术，采用美工能理解的模式，让用户在身临其境中完成各种任务，从而达到快速高效解决实际问题的目的。若操作者有 3ds Max 建模与渲染基础，然后只需对 VR-Platform 平台上稍加学习，就可以熟练操作。

（一）VRP 简介

VRP 的应用同样十分广泛。可为多个行业提供实用的解决方案，如城市规划、房地产销售、工业仿真、古迹复原、房地产销售、地质灾害等。

VRP 以 VRP-Platform 引擎为核心，衍生出 VRP-Builder（虚拟现实编辑器）、VRPIE3D（互联网平台，又称 VRPIE）、VRP-Physics（物理模拟系统）、VRP-Digicity（数字城市平台）、VRP-Indusim（工业仿真平台）、VRP-Travel（虚拟旅游平台）、VRP-Museum（网络三维虚拟展馆）、VRP-SDK（三维仿真系统开发包）和 VRP-Mystory（故事编辑器）九个相关三维产品的软件平台。

1.VRP−Builder（虚拟现实编辑器）

VRP-Builder（虚拟现实编辑器）是 VRP 的核心部分，可以实现三维场景的模型导入、后期编辑、交互制作、特效制作、界面设计和打包发布等功能。VRP-Builder（虚拟现实编辑器）的关键特性包括：友好的图形编辑界面；高效快捷的工作流程；强大的 3D 图形处理能力；任意角度、实时的 3D 显示；支持导航图显示功能；高效高精度物理碰撞模拟；支持模型的导入导出；支持动画相机，可方便录制各种动画；强大的界面编辑器，可灵活设计播放界面；支持距离触发动作；支持行走相机、飞行相机、绕物旋转相机等；可直接生成 EXE 独立可执行文件等。

2.VRPIE3D（互联网平台）

VRP-Builder（虚拟现实编辑器）的编辑成果可通过 VRPIE3D（互联网平台）

发布到因特网，使用者可通过网络浏览三维场景，并与其互动。它使用方便，支持 Flash 和音视频的嵌入；支持 Access、MS SQL 以及 Oracle 等多种数据库；操作简单，无需编成，用户就能迅速搭建起 3D 世界，效果逼真；与 3ds Max 实现了无缝对接，支持大部分格式文件导入。

3.VRP−Physics（物理模拟系统）

VRP-Physics（物理模拟系统），就是计算 3D 场景中物体与场景之间、物体与角色之间、物体与物体之间的运动交互和动力学特性。3D 模型在 VR 场景中是具有实体的，因此也就有了质量，会和真实物体一样受重力作用降落，与其他物体之间产生碰撞等。

4.VRP−Digicity（数字城市平台）

VRP-Digicity（数字城市平台）是结合“数字城市”的需求特点，针对城市规划与城市管理工作而研发的一款三维数字城市仿真平台软件。其特点包括：建立在高精度的三维场景上；承载海量数据；运行效率高；网络发布功能强大；让城市规划摆脱生硬复杂的二维图纸，使设计和决策更加准确；辅助于城市规划领域的全生命周期，从概念设计、方案征集，到详细设计、审批，直至公示、监督、社会服务等。

5.VRP−Indusim（工业仿真平台）

VRP-Indusim（工业仿真平台）是集工业逻辑仿真、三维可视化虚拟表现、虚拟外设交互等功能于一体的应用于工业仿真领域的虚拟现实软件，其包括虚拟装配、虚拟设计、虚拟仿真、员工培训四个子系统。

6.VRP−Travel（虚拟旅游平台）

VRP-Travel（虚拟旅游平台）可以解决旅游和导游专业教学过程中实习资源匮乏，而实地参观成本又高的问题。同时，其可专为导游、旅游规划等专业量身定制，开发出适用于导游实训、旅游模拟、旅游规划的功能和模块，在课堂上实现模拟导游的交互式教学，克服传统课堂只讲理论的缺点，大大提高教学质量，并提高学生的学习兴趣及教师讲课效果。

7.VRP−Museum（网络三维虚拟展馆）

VRP-Museum(网络三维虚拟展馆)提供宣传和教育实时、立体展示解决方案。广泛应用在博物馆展览、大型展会、科技体验中心等场所。网络三维虚拟展馆将成为未来最具有价值的展示手段。

8.VRP-SDK（三维仿真系统开发包）

VRP-SDK（三维仿真系统开发包），简单地说，用户可利用 VRP-SDK 对软件界面按自己需求进行设置。例如，可以设置软件的运行逻辑，以及设定外部控件在 VRP 窗口中的反应参数等。这款软件可帮助用户提升 VRP 到一个新台阶。

9.VRP-Mystory（故事编辑器）

VRP-Mystory（故事编辑器）是一款全中文的 3D 应用制作虚拟现实软件。其特点是操作灵活，界面友好，使用简单，和玩电脑游戏差不多；采用模块化结构，每个模块都有自己的特点和功能。易学易会，不需要编程，也不需要美术设计能力，便能实现 3D 制作。VRP-Mystory 支持用户保存预先制作的场景和人物、道具等素材，以便需要时立即调用；支持导入用户自己制作的素材等，用户直接调用各种素材，就可以快速构建出一个动态的事件并发布成视频。

（二）VRP 高级模块

VRP 高级模块主要包括 VRP- 多通道环幕模块、VRP- 立体投影模块、VRP- 多 PC 级联网络计算模块、VRP- 游戏外设模块、VRP- 多媒体插件模块共五个模块。

1.VRP- 多通道环幕模块

多通道环幕模块由三部分组成：边缘融合模块、几何矫正模块、帧同步模块。它是基于软件实现对图像的分屏、融合与矫正，使得一般用融合机来实现多通道环幕投影的过程基于一台 PC 机器即可全部实现。

2.VRP- 立体投影模块

立体投影模块利用被动式立体的原理，利用软件技术对图像进行了左右眼信息分离。在此基础上提出了一种新的多视场视频显示方法，该方法利用一个通用计算机平台，可同时控制多个投影机以达到不同观看角度的需求，从而大大地降低系统成本。

3.VRP- 多 PC 级联网络计算模块

利用多主机联网的方法，避免多头显卡计算多通道的缺点，而三维运算能力比多头显卡的方式增强五倍多，PC 机事件延迟不超过 0.1 毫秒。

4.VRP- 游戏外设模块

VRP- 游戏外设模块可协助一些外围设备，如数据头盔、手套、Xbox 手柄、

Logitech 方向盘等，实现它们对场景的浏览操作。并且，这个模块还可实现自定义扩展和自由映射功能。

5.VRP- 多媒体插件模块

VRP- 多媒体插件模块可以在 Neobook 中嵌入已生成的 VRP 文件，在 Director 这样的多媒体软件上，它可以大大拓展虚拟现实的表现方式与传播方式。

第三节　实时仿真平台 Creator 与 Vega Prime

Creator 和 Vega Prime（实时三维虚拟现实开发工具）是美国 Presagis（普莱克斯）公司研发的实时仿真建模与三维视景渲染工具。Presagis（普莱克斯）公司是在收购了三家行业领先公司后成立的，该公司通过整合三家公司原有优良产品，为航空、军工、汽车等领域用户提供建模、仿真和嵌入式显示软件产品及解决方案。Presagis（普莱克斯）公司倡导开放标准，拥有基于开放的产业标准的建模与仿真（M&S）产品线，能够很方便地集成到用户已有的环境中，并且满足用户的定制需求。使用高度集成的产品线，开发人员提高了工作效率，无需浪费大量时间和资源用于整合来自不同厂商的工具。产品线具有高度集成和架构开放的特性，功能涵盖高保真 3D 模型以及地形数据库生成、3D 视景应用开发、飞行器仿真、图形用户界面开发、虚拟战场以及任务规划生成等方面。

Creator 与 Vega Prime（实时三维虚拟现实开发工具）在全球视景仿真应用领域中占有较大的市场份额、最具影响力，主要包含面向实时绘制的建模工具 Creator 和视景仿真驱动软件 Vega Prime（实时三维虚拟现实开发工具）两大部分。MPI 公司是一家全球领先的视景仿真技术公司，1998 年由 MultiGen 公司与 Paradigm Simulation 公司联合成立。为用户提供全套视景仿真解决方案。该公司在三维可视化方面有着多年丰富经验，研制了便于使用的实时仿真建模工具 Creator。Paradigm Simulation 公司成立于 1990 年，提供了广泛使用的基于 Vega 软件，声音仿真等商业工具，用于实时视景模拟驱动。

一、Creator 软件概述

（一）Presagis Creator 操作界面

在实时三维仿真开发中，首要的任务就是建立三维模型，三维模型包括场景中的地形、建筑物、街道、树木等静态模型以及运动中的汽车、行人等。Presagis Creator 系列产品是世界领先的实时三维数据库生成系统，是所有实时三维建模软件中的佼佼者，据统计，其市场占有率高达 80% 以上，用于视景数据库构建、编辑和查看。Creator 有一个 OpenFlight 数据格式，可以针对应用进行实时优化。它的功能十分强大，可进行多边和矢量建模，还可以十分精准地生成大范围地形。它与 Vega Prime（实时三维虚拟现实开发工具）软件联合使用，在城市仿真、科学可视化、交互式游戏、模拟训练及工程应用方面代表着全球顶尖技术。

Creator 具有比其他实时建模软件更高的生产效率、精确度和交互控制，帮助建模者创建高效的三维模型和地形用于交互式实时应用。其主要特性有以下几点。

（1）所见即所得的可视化三维建模环境，用于实时三维图像生成。Creator 内置基于 Vega Prime（实时三维虚拟现实开发工具）的预览器，实现建模的快速处理（RPM）向导工具马上创建出各种实物，如树木、公路、建筑物等。

（2）拥有长出（Extrusion）、细分（Sub Division）等众多高级的多边形建模功能，并可以对模型进行修改。此外，还可以设定剪切面（Clipping Planes）、视锥（Viewing Volume），并且支持 LOD（层次细节）、DOF（关节自由度）、Switch（逻辑切换）等功能节点。

（3）它的纹理制作工具也十分强大，如其中一个制作工具 Texture Composer，它的纹理编辑器可大大提高纹理贴图的灵活性，并进一步增强了实时三维模型的真实性。如果计算机硬件设备功能足够强，它最多可支持多达 8 层的混合贴图。

（4）可使用 Cg Vertex/Fragment Shader 实现特殊的视觉效果，如凹凸贴图、光反射、更改纹理等。但是在贴图和使用时需要注意，需要靠计算机 CPU 运行，所以对计算机的配置要求较高。它的兼容系统一般在 Windows NT（视窗操作系统）和 SGI（硅图）工作站上运行。

（5）采用工业标准 OpenFlight 的格式，OpenFlight 涵盖绝大部分应用数据类型、结构并保证实时三维性能及交互性之间逻辑关系，使得最高保真度得以实现，优化内存占用，同时提供高质量的视觉。

（6）可实现图形和层级结构（Hierarchy）同时呈现，可以对任何一个因素进行精准控制，取得了较好的视觉效果，而且数据化结构获得优化。插件结构允许用户自行定制特殊的工具。高级光点建模和修改系统，能够直接使用光点进行后续实时程序。能够输入输出先前版 OpenFlight 文件。

一般情况下，使用 Creator 软件时会弹出一个窗口，就是默认的模型数据库窗口。它的界面中包含标题栏、菜单栏、工具栏、状态栏和建模工具箱等。标题栏展示了软件名称以及目前编辑模型数据库文件名。状态栏展示当前相关系统消息及各类提示信息，等等。菜单栏除包括文件菜单（File）、编辑菜单（Edit）、视图菜单（View）、选取菜单（Select）以及帮助菜单（Help）等常用菜单，Creator 还根据自身特点提供了信息菜单（Info）、属性菜单（Attributes）、LOD 菜单、Local DOF 菜单、BSP 菜单、调色板菜单（Palettes）、地形菜单（Terrain）、道路菜单（Road）、声音菜单（Sound）、地理对象（GeoFeature）、器具（Instruments）、脚本（Scripts）、扩展（Extensions）以及窗口菜单（Window）等各种实用菜单，根据用户所使用软件的模块不同，菜单的数量和配置也会有所不同。

模型数据库窗口作为 Creator 的主要窗口，大部分工作都是在这里完成的。在这个窗口中，用户可以使用 Creator 的工具条、建模工具箱或者菜单命令，在这里完成整个工作流程。用户可以一次打开若干个数据库文件，数据库文件对应一个特定模型数据库窗口。每个模型数据库窗口顶部都设有视图控制栏，视图控制栏只针对当前数据库窗口有效地执行操作。数据库窗口左上角出现的字母，就是数据库窗口当前所用状态的一个显示符号。例如，“L”代表启用灯光，“Z”代表启用深度缓存，“T”代表显示纹理等。数据库窗口右上角的坐标轴表示当前数据库视图的坐标系方向，即相应的视图方向，其中，X 轴是蓝的，Y 轴是红的，Z 轴是绿的。事实上模型数据库窗口是用于展示 OpenFlight 格式模型数据库，因此工作区由数据库的图形视图（Graphics View）与数据库的层级视图（Hierarchy View）两个部分组成。

（二）Creator 的功能模块

OpenFlight 格式模型数据库层级视图与建模环境的无缝融合后，用户在建

3D模型时，可以实时注意到数据库的结构和状态，从而实现对模型的随时修正，Creator 建模软件包实现了这项功能。用户也可在模型数据库中直接运行，对 OpenFlight 模型数据库进行简单移动与调整，即可实现对其进行优化设计。Creator 支持数字地形高程数据（DTED、DEM）和数字文化特性数据（DFAD），使用地理信息系统中这些已有的数据以及与其相匹配的航空照片或卫星照片，能够迅速、高效、便捷地构建任意区域的地形和文化特征。以确保该软件具有较好的可扩充性，Creator 采用模块化的开发和销售模式，用户可结合实际需求，选择适当模块开展工作，主要模块由基本建模环境模块（Creator Pro）、地形模型模块（Terrain Pro）、标准的道路建设模块（Road Tools），以及其他主要模块和第三方插件工具组成。

1. 基本建模环境模块 CreatorPro

Creator Pro（造物主）是功能强大、交互的建模工具。它依靠先进的视觉技术，可构建优化后的三维场景。Creator Pro 将多边形建模、矢量建模和地表产生等特征集于一体，使用矢量数据可有效设置感兴趣地域。它会产生矢量数据、编辑数据，自动建立全纹理、彩色模型，添加到地形表面。通过在 Creator Pro 上使用矢量数据，减少了多次建立类似场景所需要的工作，并利用矢量工具，可把前期产生的 OpenFlight 模型置于场景中任意地点。Creator Pro 不仅能创建航天器、地面车辆、建筑物和其他模型，而且还能建立如飞机场、港口和其他特殊地域，能满足视景仿真的要求、交互式游戏开发、城市仿真等应用领域。其主要作用有：功能强大，多边形建模；功能强大，矢量化建模；强大模型数据库控制功能；强大纹理映射及贴图功能；支持各种形式三维模型格式转换；支持精确生成大范围地形；支持多细节层次的（LOD）建模；支持多自由度的（DOF）建模；支持光点系统模拟、序列动画模拟等。

2. 地形建模模块 TerrainPro

三维场景中，物体模型需要放置在一定的地形场景中。地形建模模块 Terrain Pro 可帮助用户短时间内建立大面积地形模型数据库。再对层次细节进行设置，并以组进行筛选，可以创建多种地表特征，实现对地表的面片数十分准确的控制，降低与原始数据间的误差。使用这个模块，还可以将特征数据与地形吻合，实现三维地形、地貌数据库的完整性。这里的特征数据，是指除去地形，数据库中所有具有地理和人为属性的物体，如河流、房屋、道路等。此外，还能对不同尺度下的地理要素进行有效处理，为进一步应用于虚拟现实提供基础。该模块创建的虚拟地形精确度直接逼近真实地貌纹理。同时，利用其强大的空间分析能力对各种地理对象进行分类及描述，实现了从复杂地表到简单几何模型的快速建模过程。这个模块还有其他一些主要功能，比如说支持各类地形生成算法；支持各种数字地形的高程数据处理；实现地形生成批处理；提供丰富的地形模型；快速准确地绘制出各种复地貌特征和矢量图形等。

3. 高级的道路建模模块 RoadPro

RoadPro 比 TerrainPr 的功能更加丰富，可采用先进算法生成符合标准和国家要求的路面数据模型。在车辆设计、事故重现、驾驶培训等领域的应用十分广泛。它的主要作用有：实现生成多层次细节模型；实现自动路面纹理贴图；实现自定义道路分道线生成、交通标志放置、路灯的自动放置等。它还可以实现实时路况显示以及多种场景下的漫游，以及实现任意形状的尺寸的路面三维可视化建模。

4.InteroperabilityPro

InteroperabilityPro（功能互操作性）中的工具，可以实现读、写功能，以及产生标准格式数据。它主要应用在 SAF（标准分析文件）系统中。该工具可通过与用户交互以实现对特定领域中复杂模型的建模。SmartScene 率先实现实时三维立体技术在训练、考察方面的应用，它提供高性能的工作能力，使使用者沉浸在虚拟工作环境中。OpenFlight 为 MultiGen 数据库的格式（.flt），为分层式数据结构。它能够处理不同层次间的关系。

5. 第三方软件支持及插件 Okino Polytrans

这个软件将各类三维立体模型和场景格式的文件转换为 Open Flight（实时 3D 的标准文件格式）。除此之外，Creator 还为 C 语言环境提供了标准 API，用户可对原功能和算法进行扩充，创建用户需要的数据实体模型。包括：APIs 读写，确保数据一致性，对 Open Fligh 数据进行高效的读写；Open Fligh 扩展 APIs，扩展 Open Fligh 格式，目的是支持特殊的需要；使用一个通用的接口将所有这些程序集成到一起，从而使开发者能方便地进行代码修改或添加新内容。Open Fligh 工具 APIs，为用户量身定制插件及算法的注册与插入；DFD（数字特征数据）读 / 写 APIs，用于非标准矢量数据输入输出。

（三）OpenFlight 模型数据格式

在仿真应用领域，要求仿真模型既要同普通 3D 立体模型一样有一个整体的几何外观，同时还要求仿真模型数据库自身必须具有某种特质，以适应实时应用的要求。比如说，独立模型元素在空间中的层级关系、相互的位置关系等。模型单元自身所具有的某些特征与特性，以及构成该模型的一些要素间的关系，层级结构，以及其他重要信息。

为满足全面描述可视化仿真数据库需求，OpenFlight 格式的模型数据库应运而生。该格式具有非常强大的数据组织能力以及对不同数据类型的支持能力。它的功能不止如此，另外还能完整地呈现三维虚拟场景所包含的多种行为，以及声音等全部信息。因此，常常采用 OpenFlight 格式制作各式的建筑作品、地形、标志物等多种仿真模型。这个模型数据库能够确保实时交互的灵活性，同时又能得到超高的渲染效率。OpenFlight 格式如今已经是三维虚拟世界的标准数据格式。其层级场景的逻辑化的描述，可以让图像发生器实时、准确地对三维场景进行渲染。

根据模型数据库存储结构分析，OpenFlight 格式为树状层次化结构。采用这一结构的依据有二：其一，该结构能很容易根据几何特性高效地组织模型，并且把它变成一种可以很容易编辑的移动节点；由于在整个数据链路层中没有任何实体存在，因此该结构具有较好的扩展性。其二，该树状结构十分符合实时系统中多种遍历操作。总体来说，OpenFlight 模型数据库中主要包含了三类信息：模型的几何特征、数据库的层级结构、各类节点属性。几何数据库通过有序的三维坐标集合定义几何对象，并存储于数据模型中。属性是由纹理、材质和其他额外内容组成的。层次数据结构对数据节点进行层次化逻辑组织，适用于实时显示。在构建层次化模型数据库中，节点是最为基础的要素或者模块，OpenFlight 使用几何层次结构与节点属性相结合的方法对三维物体进行描述，数据节点的类型多种多样。常见的节点类型有根节点（Header）、组节点（Group）和体节点（Object）等。在不同应用中，需要根据实际情况选择合适的节点类型进行建模和渲染。此外，它还包括光点（Light Point）、声音（Sound）、文本（Text）、自由度（DOF）、层次细节（LOD）、开关（Switch）等节点。

当对三维物体采用几何层级结构描述的时候，要确保描述对象的点、线、面可控，以便能够在几何层级结构上直接运算数据，建模工作因此会更快速、方便。将某个 OpenFlight 数据库的层次结构保存到磁盘中，并以文件形式保存，该模型采用二进制代码进行储存，8 位一个字节，字节存储顺位为正序。全部模型文件从第 4 个字节起被记录。其中，头两个字节表示记录的类型，随后两个字节表示文件的长度。其中，所述邻近节点处，根据空间位置和作用，子节点从属父节点，兄弟节点间具有一定相关性。

OpenFlight 这一树状多层结构使用户可以直接操作树根节点及其属下各个节点，确保大型模型数据库中各顶点得到准确控制，其逻辑层次结构和细节层次，可以大大改善实时系统性能。

OpenFlight 模型数据库的基础、使用频率最高的节点类型为组节点、体节点、面节点与顶点节点四种类型。本书介绍了这些网络模型的定义与应用以及它们之间的关系，并通过实例详细阐述了各种网络拓扑结构及相关操作。从层级视图上看，组和体、面节点均在预设根节点之下。

根节点（Database Header NODE）在树形数据库结构中处于顶端节点，新建 OpenFlight 文件后，db 会被自动生成和标记。如果一个树已经建立好并且所有的数据都已存储完毕，则该结点就是该树中最后的根节点。需要注意的是，根节点不可删除或改名。如果树已经存在，则根节点也会随着网络一起消亡。根节点中包含着整个模型数据库中的有关信息。例如，数据库中所用的单元、生成与修改的时间等均保存于此。

组节点（Group NODE）可以由一个或多个数据结点组成。组节点由部分体节点聚集而成，一般按逻辑顺序，将对象条理清晰的排列在一组，能让操作更轻松、更迅速。组图中每个对象都由一组相同或不同数量的点组成，因此组图具有层次结构。比如，与移动一个体节点相比，用户仅需要在其上级移动组节点，这些体节点可以一次被完全迁移。组与层之间采用树连接方式进行传输，层级视图中的组节点是红色的，默认情况下，组节点标志都是由字母“g”开始，用户可把它更改为一个含义明确的名称。在组节点中含有大量特殊的控制信息，对组节点进行属性处理，能够达到某些简单动态效果。组节点自身不保存模型信息，它的目的是组织其他类型节点的逻辑结构，便于管理与调用。它的扩展功能主要有：外部引用，通过建立数据库关系，把分布于不同文档的全部模式，实现快速匹配，允许用户将来自其他数据库的数据直接引用至当前数据库并重新定位或是添加新的模块等；切换，是针对场景进行动态变换；交互操作，对每个模型对象进行控制，并根据所设定的条件改变相应参数来实现各种交互方式，如选择、编辑、删除等；自由度，设定模型对象可移动的范围，从而给它添加了动态效果；通过对每个子区域进行精细细分处理，使之在空间上更加连续且具有较好的视觉效果；细节层次上，针对相同的模型对象，给出了许多不同复杂程度的详细信息，以实现降低模型对象多边形个数，降低实时渲染开销。

体节点（Object NODE）是面节点的集合。组播中，如果用户需要多个组节点来实现组内成员之间的通信时，可以通过添加一个虚拟组织来代替原来的每个组节点，从而减少组间传输信息所耗费的时间和精力，它就是体节点（Object NODE）。同理，按逻辑顺序将构成对象的模型面条理清晰地整理成一个体，能够使得数据库的操作更加便捷。层级视图下，组节点的颜色为绿色，默认情况下，体节点标志一般都是由字母“o”打头，使用者可把它改为任何合适的名字。体节点含有对象透明度、画出优先级和其他有用信息，可以删除单个零件的资料，提供实时渲染模型面，它的扩展功能主要有：光线，界定了光源位置、种类及方向；声音，实现在动态三维物体上附加声音文件；文本，把二维 / 三维、动态 / 静态文字置于仪表上显示。

面节点（Face NODE 或 Polygon NODE）由一系列的有序和共面空间点组成。这些由空间点所构成的多边形就是构成模型的某个面。此外，还可以利用不同颜色表示物体表面的纹理细节。层级视图下，面节点展示所用色彩与对应多边形规定的色彩一致。默认情况下，面节点标志一般都是由字母“p”开始。面节点中蕴藏着大量节点信息。例如，多边形所用的色彩、材料、质地等，以及所述多边形渲染控制状态，等等。

顶点节点（Vertex NODE）。面状结构被用来表示一个物体的表面和内部轮廓。顶点节点代表模型数据库中的坐标点，它是组织、定义模型对象数据库的最详细的层次，为顶点提供颜色、纹理映像、光亮和实现位置绝对可控。每个坐标点都是用一组（三个数值）独特的数据定义。如果要将其作为一种特殊数据结构存储起来的话，就需要建立起与之相关的数据模型，即所谓的坐标系体系。比如坐标点（0,0,0）就代表三维空间中心点，又可视为虚拟场景数据库之原点。坐标系统中所用数据单位是米（m）或英尺（ft,1ft=0.3048m），具体地说，是通过根节点数据库单位属性进行规定。由于模型数据库中通常包含大量的顶点，因此本着节约显示空间的目的，顶点节点没有在层级视图上呈现，只能由 OpenFlight API 读写。

以上为最基本的节点类型。为追求特殊效果，用户也可添加以下特征节点到模型数据库中。以下节点和组节点等级相同。

细节层级节点（LOD NODE）。通过对场景进行层次化处理，可使不同视点间产生视觉上清晰、平滑的效果。通过细节层次，能够对同一个模型给出许多复杂程度不同的信息。模型细节的可视性范围是由 LOD 节点确定，实时仿真时，可自动选择合适细节进行展示。层级视图下，LOD 节点以蓝色呈现，LOD 节点标志默认用“1”起头，名称可被使用者更改。

光源节点（Light Source NODE）。光源的作用是照亮虚拟场景中的一部分或者全部。光源节点决定着光源的位置和方向，对场景中与之相关的其他模型对象也产生作用。在层级视图下，默认光源节点标志一般用“ls”来表示，用户可对它进行更换，使之成为任何一种称呼。

声音节点（Sound NODE）。利用声音节点，使用者可将多种声音效果添加到虚拟场景中。所述声音节点中包括全部使用的声音文件，可在用户所设地点播放。层级视图下，默认声音节点标志一般用字母“s”开始，用户能够修改它。

转换节点（Switch NODE）。利用转换节点，能够有选择性地控制下层节点。例如，当我们需要查看某个体时，就会看到一个或多个转换节点。把多个个体节点置于转换节点之下就可采用任何组合方式对指定体节点进行展示。层级视图下，转换节点的颜色为紫色，转换节点标志默认用字母“sw”开始。

另外 OpenFlight 数据库支持光点节点（Light Point NODE）功能、实例节点（Instance NODE）、BSP 节点、裁剪节点（Clip NODE）、文字节点（Text NODE）和其他类型节点。

（四）Creator 建模技术与流程

在计算机辅助设计（CAD）、三维动画等方面，一般要用到很多的曲线面和复杂纹理建立 3D 模型。传统的建模方法是先利用计算机进行数据计算，再建立相应的数字模型。但是从视景仿真来看，这一建模思路主要以工程设计和动画为主，没有考虑到渲染的效率问题，无法达到实时系统要求。Creator 主要针对实时系统设计，通过高效的层次数据结构、LOD 技术和纹理技术等方面的设计优化，在协调处理模型真实感与实时渲染之间具有其他建模软件无法比拟的优秀之处。

1. 逻辑化层次结构

Creator 所采用的 OpenFlight 格式是逻辑化层次数据结构，与传统的建模方法相比，具有很高的效率。所以，建模人员一定要根据对象模型的特点进行建模，运用模块设计方法，合理划分层次节点。在进行分层处理时，可以利用该算法快速实现层次结构划分与组织，这一做法不仅有助于模型的编辑、LOD 设置、外部引用以及数据库的重组和优化，同时也为实时系统效率的提升搭建了一个很好的平台。

2.LOD 技术

LOD 是一组模型组，代表同一物体不同的分辨率。实时系统对该模型进行加工，按照所设置的 LOD 距离，在不同细节层次上对模型进行切换，进而提高系统多边形的使用效率。所以建模时 LOD 层级的合理设置是非常重要的。在对任意形状或者不规则形状分层建模时，要先构建细节层次最丰富的模式，再通过自动（Vsimplify 工具）和手工（如构建包围盒）相结合，从高到低地构建不同的细节层级模型。

3. 纹理映射技术

利用纹理贴图代替物体建模，可模拟物体建模难以模拟的细节，使模型更加逼真，并能提高渲染速度。比如，用透明纹理模拟房屋建筑，能够使模型更简单，从而提高渲染速度，在实际应用中，通常需要绘制不同方向的纹理图片来描述场景中的复杂结构信息。纹理映射技术中，BillBoard 技术采用各向同性的方法来建造树木、标牌，所建立的模式只是一个平面。纹理图片是由真实的实物三维投影照片经过修改处理后获得。由于这些图像中存在着大量噪声点，使得纹理绘制效率很低。因此，纹理大小应为 2 的 n 次幂，否则，当使用 Vega 或者 VegaPrime 进行驱动时，就不能正常显示。

另外，Creator 还可以实现构造与连接对象运动建模。Creator 中使用 DOF 技术，DOF 节点可根据设定自由度范围控制其子节点运动与旋转，让对象呈现出逻辑上的运动方式。通过添加不同的材质来模拟真实场景中物体呈现出来的颜色、纹理等特征。建模过程中还可以添加声音节点，来充实内容，提高仿真的真实效果。

所以，可以将 Creator 三维建模过程总结为：首先，分析所要建的模型的三维实体，把它们拆成若干不用部件，这么做的目的就是让各模型能够更方便地结合在一起，从而实现模型的建立，模型组合还可利用现有模型组件进行。其次，在创建过程中对于每个零件的建立，则根据零件的特点分别设计相应模块来组装成整体，针对拆分后的部件，逐一建模就可以了。接着，使用 Creator 软件完成模型的组合，就初步完成不同模型的建模。最后是模型的导出，导出模型之前，要进行纹理图片的处理、LOD 以及面片的修正、拼接和其他处理，从而减少优化模型的数量。完成后导出所生成的模型，由此，完成了三维对象的整体模型建立。

Creator 可视化仿真建模软件提供了大量用于创建和编辑模型对象的实用工具，这些工具根据它们各自的功能被集成在不同的工具箱中，每个工具箱都有一个对应激活图标按钮，位于 Creator 应用程序窗口左端的工具条中。

用户可以通过点击工具条中的图表按钮来打开相应的工具箱。当工具箱被激活后，工具箱会随着用户使用的具体工具操作结束而自动关闭。需要反复用到某些工具时，自动关闭工具箱会变得很不方便，这种情况下用户可以拖动打开的工具箱离开工具条，这样该工具箱就会浮动在应用程序窗口中，并能够被放置到屏幕上任意的地方。这时工具箱就会一直保持打开的状态，直到用户关闭它。如果用户想要隐藏所有打开的工具箱，按 F5 键即可，再按一次 F5 键则可以将隐藏的工具箱再次显示出来。

二、Vega Prime 软件介绍

Vega Prime（实时三维虚拟现实开发工具）（简称 VP）是原 MultiGen-Paradigm 公司以及 Presagis（普莱克斯）公司最新开发的世界领先的实时视景仿真渲染引擎，代表了视景仿真应用程序开发的巨大进步。Vega Prime（实时三维虚拟现实开发工具）是从 Vega 基础上发展起来的新一代仿真软件，相对 Vega 来说，它支持跨平台，具有更简捷的配置工具，提供了对 MetaFlight 格式的支持，扩展性更强。可通过 API 函数对实体操作，简化了开发过程，缩短了开发时间，降低了对开发人员的要求。Vega Prime（实时三维虚拟现实开发工具）包括 Lvnx Prime 图形用户界面配置工具和 Vega Prime（实时三维虚拟现实开发工具）的基础 VSG（高级跨平台场景图像应用程序接口）高级跨平台场景渲染 API（应用程

序编程的接口），将易用的工具和高级视景仿真功能巧妙地结合起来。

（一）Vega Prime 功能特点

VSG 是高级跨平台场景图像应用程序接口，它取代了 Performer。Vega 以进程为单位，并且 VP 建立在线程之上。线程和进程都是基本实时单元，不同的是，线程的分割更精细一些，进程则将内存空间看作其中一个资源，每一个进程都有其内存单元，线程则共用一个内存单元，以共享内存空间进行信息交换，有助于提高执行效率。因此在应用程序开发过程中，如何设计出合理的程序结构以及有效地利用好这一资源成为一个重要课题。Vega Prime 为调用模块的类，它当中的 ADF/ACF 文件类型采用 XML（Extensible Markup Language）标记语言描述，是可以扩充的标记语言。这种新技术在图形化编程方面具有很大优势。XML 是定义语义标记的一组规则，这些标记把文档划分为很多组件，并且这些组件能被识别。这种技术可以使应用程序具有很高的灵活性和扩展性，从而能够更好地适应用户需求。与超文本标记语言 HTML（Hypertext Markup Language）或格式化程序不同，这种标记在格式上可以很容易地进行修改或更改，并且能够自动产生相应的代码，这就使得用户能使用一个更灵活、方便且易于实现的用户界面来显示出不同的信息。这些语言界定出一组固定标记，用它来形容某一数量的要素，XML 标记说明了文档结构及其含义，并且没有对页面元素格式化进行说明。Vega Prime（实时三维虚拟现实开发工具）的主要功能特点有：

（1）Vega Prime（实时三维虚拟现实开发工具）大幅度减少了源代码的编写，使软件的进一步维护和实时性能的优化变得更容易，从而极大提高了开发的效率。其具有可快速建立多种实时交互三维视觉环境的优点，适应了不同行业的需求。

（2）单一源代码。无论何种操作平台，Windows（视窗操作系统）、Linux 还是 IRIX，开发完成后，通过重新编译，就能在任何一个地区、在任何支持的运行环境下使用。

（3）Vega Prime（实时三维虚拟现实开发工具）拥有先进的仿真功能，并且具有操作简便、使用方便的优势。用户在使用时，能精确地编制出符合要求的视景模拟应用程序，因此可以将时间与精力都放在解决应用领域中的难题上，而不需要过多地考虑三维编程实现问题。

（4）Vega Prime（实时三维虚拟现实开发工具）可根据用户的使用要求灵活

定制，对三维程序进行调整。通过在系统中嵌入实时动态图形技术来支持各种不同类型的应用程序。其中包括异步数据库自动调用功能、碰撞检测和处理、控制延时更新、自动生成代码等功能。

（5）可扩展性。Vega Prime（实时三维虚拟现实开发工具）因其高度可定制性，使用者可以根据自身特定的用途来开发模块，并能将自身代码和衍生自定义类组合起来，对应用进行优化。另外，该平台允许使用多种图形引擎和渲染技术来加速建模过程，并且能在不改变硬件结构的情况下实现虚拟场景的绘制。Vega Prime（开发实时三维虚拟现实的工具）还有可扩展可定制的文件加载机制、对平面或球体的地球坐标系统的支持、对应用中每个对象进行优化定位和更新的能力、多角度观察对象的能力，上下文相关帮助和设备输入输出支持等。

（6）GUI（用户图形界面）配置工具。Lynx Prime 具有可扩展性，且是一个跨平台的 GUI 组态工具。它采用了基于 XML 的标准数据交换格式，提供了最灵活的服务，大大加强对 VegaPrime 应用程序的快速建立、修改与配置。

（7）支持 MetaFlight。其提供的数据类型和操作模式可以为开发不同领域的应用程序带来更多便利。MetaFlight 是基于 XML 的数据描述格式，使得运行系统和数据库应用对数据库的组织结构有了了解，使得 OpenFlight 文件（仿真三维文件格式标准）的应用范围大大提高。Vega Prime（实时三维虚拟现实开发工具）中的 LADBM（大面积数据库管理）模块使用 MetaFlight 来确保海量数据以最高效率、最先进的方法联手在一起。

（8）Vega Prime（实时三维虚拟现实开发工具）包含许多不一样的特性，使其成为目前最先进的实时商用三维应用开发环境。包括虚拟纹理（Virtual Texture）支持、增强的更新滞后控制、直接从 Lynx Prime 产生代码、直接支持光点、支持 PBuffer、基于 OpenAL 的声音功能、平面 / 圆形地球坐标系统支持、星历表模型 / 环境效果、路径与领航、平面投影实时阴影、支持压缩纹理等。

（二）Vega Prime 系统架构

Vega Prime（实时三维虚拟现实开发工具）包含一个 LynX Prime 图形用户界面，以及一系列库文件、头文件（这些文件是可调用的，通过 C++ 实现）。它构建在 VSG（高级跨平台场景图像应用程序接口）之上，是 VSG 的扩展 API（应用程序编程的接口）。它通过图形窗口将用户从二维世界中解放出来，在三维开发环境中不同层次上进行了抽象，并且针对不同的功能，开发出不同的模块，每一个应用程序都是若干个模块的组合，它们均得到了 VSG 的底层支持。它能够将用户输入的各种命令转化为易执行的程序，具有良好的可扩展性。它还包括了 VSG 提供的所有功能，并且从易用性、生产效率等方面进行相应提高，以供模拟、培训和进行可视化展示，以及为可扩展的应用奠定基础。

VSG 分为三个部分，下面来一一介绍。VSGU（Utility Library），具有内存分配和其他功能；VSGR（Rendering Library），对地层的图形库进行抽象，如 D3D（3D 绘图编程接口）；VSGS（Scene Graph Library）是一个与上述模块相对应的操作系统。实际上，Vega Prime（实时三维虚拟现实开发工具）使用 VSGS，VSGS 使用 VSGR，它们都使用 VSGU。

LynxPrime 是一个可视化的图形用户接口编辑工具，能够最大限度提供软件控制及提高灵活性。它可以迅速、方便地更改应用程序性能，满足用户需求。例如，显示通道、实现特殊效果、多 CPU 资源分配、观察者、系统配置、模块与数据库等。它能够使用户从不同角度观看虚拟场景或模型，并以图形化方式实现各种复杂的功能要求。在 LynX Prime 界面中，每个功能模块都与 Vega Prime（实时三维虚拟现实开发工具）的一个类相对应，彼此通过各参数协作，产生一个简易仿真程序。与此同时，还会形成一个 ACF（应用程序配置）文件，它是建立在工业标准 XML 数据交换格式之上，能够最大限度地与其他应用领域交换数据。ACF 文件中由 C++ 语言对 Vega Prime API 函数进行调整，来实现参数的变化。该方法具有很好的扩展性和通用性。所以使用 Vega Prime API 函数可以构造应用程序。

LynX Prime 允许用户配置一个应用程序，而无须编写代码。LynX Prime 是一个编辑器，用于添加类的实例和定义实例的参数。这些参数，如 Observer 的位置、一个场景 Scene 中的 Objects 和参数、场景中的运动、光照、环境影响和目标硬件平台等，都将存储在 ACF 文档的实例框架中。一个 ACF 包含了 Vega Prime（实时三维虚拟现实开发工具）应用程序在初始化以及运行时所需要的信息。

用户可以在 Active Preview 中预览 ACF 中所定义的功能类的运行效果，它允许交互配置 ACF，检查 ACF 是否有改变，当发生改变时用新数据更新 Vega Prime（实时三维虚拟现实开发工具）仿真窗口。用户也可以使用 C++ 开发应用程序来创建虚拟场景或在用户程序中修改特殊环境的实例值。

（三）Vega Prime 模块介绍

1.Vega Prime 主模块

VegaPrime 可视化仿真开发的特征包括：可交互性、面向对象。同时，它的功能模块采用类的方式来定义，又有某种继承关系，它的应用程序是可以按需求扩展的，实用性很强。Vega Prime（实时三维虚拟现实开发工具）主模块包含基础模块和应用模块，Vega Prime（实时三维虚拟现实开发工具）的基础模块主要由于内核（vpKernel）、场景（vpScene）、管线（vpPipeline）、通道（vpChannel）、窗口（vpWindow）、对象（vpObject）、观察者（vpObserver）、变换（vpTransform）及碰撞检测（vplsector）等组成。其中，内核传承是在服务管理中完成的，用以控制帧循环和对多种业务的管理；应用层则是在应用服务器上运行的应用程序；场景多用于储存虚拟场景内的 3D 模型；视图是指一个特定时间窗口内显示出的一组或多组数据；变换被用来定义观察者和仿真对象在空间中的位置关系，提供新视角，方便对物体进行观测；属性则表示场景中该物体具有的特征和功能等相关数据。Vega Prime（实时三维虚拟现实开发工具）常用的应用模块如下所述。

（1）声音模块（vpAudio）

可在 Vega Prime（实时三维虚拟现实开发工具）中播放声音文件，包括周边环境声音，空间声音等，并能够设置声源的位置、衰减系数、多普勒效应等。

（2）坐标系模块（vpCoordSys）

支持常用坐标系和用户自定义坐标系，并能够实现以地球为参考椭球的坐标系间的坐标自动转换。

（3）环境模块（vpEnv）

环境渲染效果包括：Lighting（光）、Fog（雾）、Sun（太阳）、Moon（月亮）、Sky（天空）、Cloud layers（云层）、Wind（风）、Rain and Snow（雨和雪）等。

（4）外设输入模块（vplnput）

支持绝大多数常见输入设备，如键盘、鼠标、摇杆、游戏手柄、数据手套以及基于 VRCO’s tracked 设备软件等。

（5）运动模块（vpMotion）

运动模块主要为场景中需要移动的物体设置一种运动方式，可以通过输入设备对其进行控制，利用输入设备提供在虚拟世界内的交互移动方式，为任何可定位的对象（如观察者、实体）提供运动方式。支持球形地表、仿真时间控制、运动模型与实际时间以及仿真时间响应等，为用户提供控制时间的可能性并保证他们拥有准确的及时反应。

（6）重叠模块（vpOverlay）

渲染简单的覆盖图，包括图像、线条和文本。

（7）路径模块（vpPath）

利用路径和导航器可提供在现实世界中运动的方式，可运动到任何可定位的位置。

2.Vega Prime 专业模块

Vega Prime（实时三维虚拟现实开发工具）为适应具体应用开发需要，除具备以上主要模块外，还提供了具有专业功能的增强模块，功能更全面。常用的专业模块主要包括以下几种。

（1）海洋模块（vpMarine）

在三维仿真应用中，海洋模块可以建立非常逼真的海、湖以及海岸线流水。用户可以轻松地在任意 Vega Prime（实时三维虚拟现实开发工具）应用程序增添海洋、湖泊的动态的、真实的水流效果。

海洋模块为海洋表面和与之相关的船体提供了真实的模拟效果，完全满足交互式、实时三维仿真与合成，提高了动态洋面的真实性和准确性。另外，这个模块还给出一种性能很高的浪花模型，让使用者能够很方便地操控浪花形态，包括浪花受风力作用时的走向等。通过模拟波浪作用于船舶时产生的波高变化，实现了舰船运动过程中甲板上浪压力场的生成。同时，也可以塑造出 13 种用不同蒲福标度所描述的海洋状态，以及用 9 个不同海浪模型来描述海洋状态。此外，该模块还为用户创建了一个逼真而自然的三维舰船场景，并通过鼠标来操纵船舶运动。开发者可以对船体特征及参数进行定义，以便对船首、船尾以及船体外观进行控制。此外，用户也能通过鼠标来操纵波浪并改变其强度或频率。浪花与船体尺寸、外形完全一致，造型快，并与身边浪花、船只互动。另外海洋模块支持多洋面、多观察者的效果，并且为真实感海岸线浅水动态仿真提供了合适的支持，包括海浪的冲击效果、水深变化效果及沙滩效果等。

（2）摄像效果模块（vpCamera）

摄像效果模块可以模拟出用于任何类型的监视工具或闭路电视系统视频、光学设备的彩色或黑白效果。该功能使用户在使用这些监控和观察对象时可以更容易地理解所看到的画面内容。支持整套效果，各种效果能通过 LynX Prime GUI 接口或 Vega Prime API 进行组合，并简单添加到任何 Vega Prime（实时三维虚拟现实开发工具）场景中。用户可以选择不同的摄像机来模拟复杂环境下的目标对象，同时摄像效果模块提供最多的镜头特效类型，支持为每个摄像效果生成最好的真实感效果，支持在预览效果时创建并快速完善原型。该模块为本土安全、操纵仿真、UAV/UGV、安全演练以及突发事件响应等多种应用提供了理想的工具。

（3）大地形数据库管理模块（vpLADBM）

大地形数据库管理模块专为应用为大规模和复杂的地形数据库创建与调度提供管理模块跨平台、扩展性良好的开发环境。它能够帮助用户实现动态页面的调用，以及在调用过程中让大规模数据库装载和组织达到最优。

大地形数据库管理模块为渲染提供了最优的性能，完全满足了定制和扩展的要求，能使现有资源得到最大限度的发挥。根据它的 MetaFlight XML 文件规格以及数据库格式，大地形数据库管理模块保证了大规模数据库的构成与关联，可以用最高效的新型方式来实现。在此数据基础上，通过将各种不同分辨率下绘制出的场景进行融合，实现了具有多种视角的动态漫游功能。MetaFlight 文件采用分级式数据结构，保证在操作场景图像时能获得最佳性能。针对大地形数据存储中出现的问题，设计并实现了一套高效可靠的存储系统。利用 Vega Prime（实时三维虚拟现实开发工具）核心特性（包括双精度和多线程特性），大地形数据库管理模块是实现大范围视景仿真应用的理想方案。并结合 GUI 配置工具（包括好用向导工具），高级 API 功能为全面开发实时 3D 应用提供基础构造。

（4）特效模块（vpFx）

特效模块提供一个跨平台、扩展性强的开发环境，可以模拟实时 3D 应用的海量特殊效果，所有效果均可以使用 LynX Prime GUI 配置工具，也可以直接使用 API 来访问。并且能够被添加到具体的应用环境中。用户仅需要预定义或者调整部分视觉属性，便可自定义场景下的效果显示，如时间、触发和性能特征。

特效模块为用户提供一个粒子系统，可以完全自定义并进行升级，使得用户可以极为便捷地搭建粒子特效。配置的特效属性包括有：颗粒大小和生命周期、重力、速度。除此之外，用户也可以直接访问任何 Vega Prime（开发实时三维虚拟现实的工具）应用程序的预定义及优化效果。此外，基于自定义模型的渲染引擎可以为实现各种不同类型的特效而自动生成所需的动画。同时，联合 GUI 配置工具（如向导工具和 API 功能），它可以为实时 3D 应用简单而迅速的创建与扩展提供一种理想而特殊的效果。

（5）分布式渲染模块 (Vega Prime Distributed Rendering)

分布式渲染模块实现了充分同步、开发多通道应用，是一种较为理想的调度工具，能连续一致地渲染多种图形节点。通过其优化渲染功能，主机和客户端系统以相同配置互联，可以满足跨平台实时 3D 应用开发和调度需要。

一般情况下，分布式渲染模块能够实现多通道连续显示的应用，或者连续显示的应用。任何 Vega Prime（开发实时三维虚拟现实的工具）的应用程序都可以通过简单增加图形界面的某些设置来分布式渲染。分布式渲染模块中包含了一个通过局域网实现多通道应用的简易设置与配置工具。它提供了一种灵活方便的方式来控制多通道系统中各设备之间的数据交互并将其整合到一起，从而用户可以使用一个 GUI 接口来使得多通道应用有效地工作，使用户能够在合适的硬件上对应用进行设置、检测、处理和配置。

（6）光束模块（vpLightLobe）

光束模块给 Vega Prime（实时三维虚拟现实开发工具）应用程序提供逼真的照明效果。该模块可营造逼真的场景照明，避免贴图效果的粗糙感。支持海量移动光源的实时模拟，支持用户定制光源。光源照明会根据与地面的距离及观察者位置变化而变化，光束模块能够让用户将大量移动光源应用在某一应用中，并通过对绘制时间的优化，达到最佳的表现性能。

3. 第三方模块及工具

（1）Blueberry 3D Development Environment

BlueBerry 3D 是 MPI 用于生成实时地形的强大渲染工具，Blueberry 3D 分为两部分，即 Blueberry 3D Terrain Editor（虚拟现实地形地貌编辑器）和 Blueberry 3D Development Environment（虚拟开发环境平台）。前者作为 Creator Terrain Studio（CTS，三维地形数据库建模）的插件，将 CTS 的 flt 模型做进一步的渲染，

可自定义树、草、石头等地物的分布，模型是三维的；后者使用 VegaPrime 的 VSG，作为 VP 的一个模块，对 Blueberry 3D Terrain Editor（虚拟现实地形地貌编辑器）处理过的模型进行动态渲染。

利用 Blueberry 3D 模块，可以实现为 VegaPrime 添加基于分形的程序几何体以及创建细节性强的复杂虚拟地理环境。在 Blueberry 3D 系统中，几何体产生在程序运行过程中，按要求实时产生。地理环境中的细节部分在观察者接近时才会显示，地形与文化特征也仅在观察者关注的地区动态生成。细节部分可达到的范围和数目，由用户自定义的帧率决定。换种方式说，也就是场景中的细节展示数量，取决于硬件的快慢，越快数量越多。

将分形算法运用其中，Blueberry 3D 开发环境可以十分自然地将各种土壤类型及其植被特性结合起来，使植被分布更加真实，分形物体各不相同。但是，也要确保同一地点的物体是不变的。离我们越近，细节越丰富，甚至可见到精细的污垢、茂盛的草木等细节。此外，植物还会有动态形式，比如随风自然摆动。

（2）DIS/HLA for Vega Prime 分布交互仿真模块

分布交互仿真模块可以很简单地将 Vega Prime（开发实时三维虚拟现实的工具）的应用程序通过 LynX Prime 连接起来，DIS 与 HLA 的运行无需任何计划，HLA 互连，或者在多个机器 / 多个参与者之间发展分布式 Vega Prime（开发实时三维虚拟现实的工具）模拟。

这个模块是根据 VR-Link 互联工具包创建的，提供从 MAK 产品中而来的灵活的互联技术，能够创建一种仿真应用，并且能够使其灵活地在几种不同应用间切换。用户可利用 Lynx Prime 界面，无需任何编程，即可实现基本分布式仿真设定。

（3）GLStudio for Vega Prime 仪表模块

通过 GL Studio 仪表模块，用户无需编写任何编码，就可以很容易地将 GL Stuido 建立的交互式对象添加到 VegaPrime 场景。所创建的 GL Studio 对象可以与外界对象进行交互，比如说用户和其他 Vega Prime（实时三维虚拟现实开发工具）对象。GL Studio 仪表模块打造高质量、高度逼真的人机界面，同时能够产生优化的 OpenGLC/C++ 代码，快速创建原型，实现设计和调度环境。

（4）Immersive for Vega Prime

Immersive for Vega Prime 模块提供 Immersive 虚拟外设驱动接口，可配置用

于几乎所有的Vega Prime（开发实时三维虚拟现实的工具）应用中，包括walls、tiles各种类型的应用，同时也能够配置运行在非立体、主动立体与被动立体显示系统中。Immersive for Vega Prime（实时三维虚拟现实开发工具）可以与VRCO Trackd连接，可将Vega Prime应用与任意基于上述驱动的Immersive虚拟外设连接，用以增强应用的可交互性。

第四节　虚拟现实开发常用脚本编程语言介绍

脚本语言（Script language）是经典编程语言的一种，也称为“扩建的语言”“动态语言”，它的作用是控制软件应用的程序，在被调用时才会获得解释或编译，脚本的保存方式一般是文本（如ASCII）。脚本语言作为编程语言，其主要意义是简化传统的编程过程（编写—编译—链接—运行，edit-compile-link-run），一个脚本一般并不是用来编译运行的，而是解释运行。现在人们采用的许多脚本语言，较以往相比都已经取得了很大的进展，已不再单纯满足计算机简单任务自动化的要求，完全能够编写一些更复杂、作用更全面且细致的程序。高级编程语言和脚本语言在许多领域都有所交叉，可以说，现阶段这两者之间并不存在非常明确的区别。脚本文件在Internet网页开发中十分流行，它虽然没有程序开发语言那样复杂的结构，掌握起来也比较容易，但它本身的功能却相当强大。本节将对虚拟现实开发中几种常用的脚本编程语言进行介绍。

一、C#

虚拟现实开发平台Unity提供了三种可供选择的脚本编程语言：JavaScript、C#以及Boo。尽管它们各有各的优势与不足，但通常C#为多数开发者的首选。

C#是一种面向对象的编程语言，主要用于开发运行在.NET平台上的应用程序。C#的语言体系都构建在.NET框架上，近几年C#呈现上升趋势，这也正说明了C#语言的简单、现代、面向对象和类型安全等特点正在被更多的人所认同。

C#是微软公司设计的一种编程语言，是从C和C++派生而来的一种简单、现代、面向对象和类型安全的编程语言。重要的是，C#作为一种现代编程语言，在类、名字空间、方法重载和异常处理等方面，C#去掉了C++中的许多复杂性，借鉴和修改了 Java 的许多特性，使其更加易于使用，不易出错，并且能够与 .NET 框架完美结合。

（一）简单性

语法简洁，不允许直接操作内存，去掉了指针操作。

没有指针是 C# 的一个显著特性。在默认情况下，用户使用一种可操控的（Managed）代码进行工作时，一些不安全的操作，如直接的内存存取，将是不允许的。

在 C# 中不再需要记住那些源于不同处理器结构的数据类型，如可变长的整数类型，C# 在 CLR 层面统一了数据类型，使得 .NET 上的不同语言具有相同的类型系统。可以将每种类型看作一个对象，不管它是初始数据类型还是完全数据类型。

整型和布尔型数据类型是完全不同的类型。这意味着 if 判别式的结果只能是布尔数据类型，如果是别的类型则编译器会报错。那种搞混了比较和赋值运算的错误不会再发生。

（二）现代性

许多在传统语言中必须由用户自己来实现的或者干脆没有的特征，都成为基础 C# 实现的一个部分。金融类型对于企业级编程语言来说是很受欢迎的一个附加类型。用户可以使用一个新的 decimal 数据类型进行货币计算。

安全性是现代应用的头等要求，C# 通过代码访问安全机制来保证安全性，根据代码的身份来源，可以分为不同的安全级别，不同级别的代码在被调用时会受到不同的限制。

（三）面向对象

彻底的面向对象设计。C# 具有面向对象语言所应有的一切关键特性：封装、继承和多态性。整个 C# 的类模型是建立在 .NET 虚拟对象系统（Vitual Object System，VOS）之上的，这个对象模型是基础架构的一部分，而不再是编程语言的一部分，它们是跨语言的。

C# 中没有全局函数、变量或常数。每样东西必须封装在一个类中，或者作为一个实例成员（通过类的一个实例对象来访问），或者作为一个静态成员（通过类型来访问），这会使用户的 C# 代码具有更好的可读性，并且减少了发生命名冲突的可能性。

多重继承的优劣一直是面向对象领域争论的话题之一，然而在实际的开发中很少用到，在多数情况下，因多个基类派生带来的问题比这种做法所能解决的问题要更多，因此 C# 的继承机制只允许一个基类。如果需要多重继承，用户可以使用接口。

（四）类型安全性

当用户在 C/C++ 中定义了一个指针后，就可以自由地把它指向任意一个类型，包括做一些相当危险的事，如将一个整型指针指向双精度型数据。只要内存支持这一操作，它就会凑合着工作，这当然不是用户所设想的企业级编程语言类型的安全性。与此相反，C# 实施了最严格的类型安全机制来保护它自身及其垃圾收集器。因此，程序员必须遵守关于变量的一些规定，如不能使用未初始化的变量。对于对象的成员变量，编译器负责将它们置零。局部变量用户应自己负责。如果使用了未经初始化的变量，编译器会提醒用户。这样做的好处是用户可以摆脱因使用未初始化变量得到一个可笑结果的错误。

边界检查。当数组实际上只有 n－1 个元素时，不可能访问到它的“额外”的数据元素 n，这使重写未经分配的内存成为不可能。

算术运算溢出检查。C# 允许在应用级或语句级检查这类操作中的溢出，当溢出发生时会出现一个异常。

C# 中传递的引用参数是类型安全的。

二、JavaScript

JavaScript 主要运行在客户端，用户访问带有 JavaScript 的网页，网页里的 JavaScript 程序就传给浏览器，由浏览器解释和处理。表单数据有效性验证等互动性功能，都是在客户端完成的，不需要和 Web 服务器发生任何数据交换，因此不会增加 Web 服务器的负担。

（一）简单性

JavaScript 和其他脚本语言一样，都属于解释型语言，作为比较经典的脚本编程语言，其基本运行方式是借助小程序段来编写脚本，因此 JavaScript 编写的程序是在程序运行过程中加以逐行解释，而非经由编译运行。几乎所有学习 Java 的编程人员都认为这是一种简单易学的语言，它的基础是 Java 基本语句和控制流。但是，这种编程语言所采用的数据类型安全检查并不严格，变量类型也属于弱类型。

（二）安全性

虽然数据类型安全检查不十分严谨，但 JavaScript 仍然是公认的高安全性编程语言之一，因为它不支持在服务器上存储数据，禁止他人修改和删除网络文档，而且会阻止运行程序访问本地的硬盘资源，其作用仅仅包括借助浏览器访问互联网、完成动态交互过程而已。所以，JavaScript 能够可靠地确保数据的安全性。

（三）动态交互性

JavaScript 可以直接对用户提交的信息在客户端作出回应，而无须向 Web 服务程序发送请求再等待响应。JavaScript 的响应采用事件驱动的方式进行，当页面中执行了某种操作会产生特定事件（Event），如移动鼠标、调整窗口大小等，会触发相应的事件响应处理程序。JavaScript 的出现使用户与信息之间不再是一种浏览与显示的关系，而是一种实时、动态、可交互式的关系。

（四）跨平台性

JavaScript 是一种依赖浏览器本身运行的编程语言，它的运行环境与操作系统和机器硬件无关，只要机器上安装了支持 JavaScript 的浏览器，如 Firefox（火狐浏览器）、Chrome（谷歌浏览器）等，并且能正常运行浏览器，就可以正确地执行 JavaScript 程序。

三、Python

Python（蟒蛇）是一门优雅而健壮的编程语言，它继承了传统编译语言的强大性和通用性，同时也借鉴了简单脚本和解释语言的易用性。

尽管 Python（蟒蛇）已经流行超过了 15 年，但是一些人仍旧认为相对于通用软件开发产业而言，它还是个新丁。我们应当谨慎地使用“相对”这个词，因为“网络时代”的程序开发，几年看上去就像十几年。

（一）高级

在编程语言的更新迭代、革新进步中，我们会逐渐向着更尖端的科学方向发展。对于曾经为机器代码感到焦头烂额的人来说，汇编语言的出现无疑是一丝明亮的曙光，随后又陆续出现了 FORTRAN（高级编程语言）、C 语言和 Pascal（结构化编程语言），这些新的编程语言让人类的计算技术到达了一个全新的境界，专门的软件开发行业也在那之后应运而生。基于 C 语言的原理，更多先进的现代编译语言出现了，如人们所熟知的 C++、Java 等。然而，信息工作者们并未满足于此，而是更加深入地投入编程语言研究，推出了其他性能更强大的、能够满足系统调用需求的解释型脚本语言。

这些语言都有高级的数据结构，这样就减少了以前“框架”开发需要的时间。像 Python（蟒蛇）中的列表（大小可变的数组）和字典（哈希表）就是内建于语言本身的。在核心语言中提供这些重要的构建单元，可以缩短开发时间与代码量，产生出可读性更好的代码。

（二）面向对象

面向对象编程为数据和逻辑相分离的结构化和过程化编程添加了新的活力。面向对象编程支持将特定的行为、特性和 / 或功能与它们要处理或所代表的数据结合在一起。Python（蟒蛇）的面向对象的特性是与生俱来的。然而，Python（蟒蛇）绝不像 Java 或 Ruby 那样仅仅是一门面向对象语言，事实上它融汇了多种编程风格。例如，它甚至借鉴了一些像 Lisp（表处理语言）和 Haskell（纯函数编程语言）这样的函数语言的特性。

（三）可升级

大家常常将 Python（蟒蛇）与批处理或 Unix 系统下的 shell 相提并论。简单的 shell 脚本可以用来处理简单的任务，就算它们可以在长度上（无限度的）增长，但是功能总会有所穷尽。shell 脚本的代码重用度很低，只适合做一些小项目。实际上，即使一些小项目也可能导致脚本又臭又长。而 Python（蟒蛇）却可以不断地在各个项目中完善代码，添加额外的、新的或者现存的 Python（蟒蛇）元素，也可以随时重用代码。Python（蟒蛇）提倡简洁的代码设计、高级的数据结构和模块化的组件，这些特点可以在提升项目的范围和规模的同时，确保灵活性、一致性并缩短必要的调试时间。

（四）可扩展

如果需要一段关键代码运行得更快或者希望某些算法不公开，部分程序可以用 C 或 C++ 编写，然后在 Python 程序中使用它们。

因为 Python（蟒蛇）的标准实现是使用 C 语言完成的（也就是 CPython），所以要使用 C 和 C++ 编写 Python 扩展。Python（蟒蛇）的 Java 实现被称作 Jython，要使用 Java 编写其扩展。最后，还有 IronPython，这是针对 .NET 或 Mono 平台的 C# 实现。你可以使用 C# 或者 VB.Net 扩展 IronPython。

（五）可移植性

在各种不同的系统上可以看到 Python（蟒蛇）的身影，这是由于在今天的计算机领域，Python（蟒蛇）取得了持续快速地成长。因为 Python（蟒蛇）是用 C 写的，又由于 C 的可移植性，使得 Python 可以运行在任何带有 ANSIC 编译器的平台上。尽管有一些针对不同平台开发的特有模块，但是在任何一个平台上用 Python（蟒蛇）开发的通用软件都可以稍事修改或者原封不动地在其他平台上运行。这种可移植性既适用于不同的架构，也适用于不同的操作系统。

第四章　虚拟现实中的技术研究

本章主要内容为虚拟现实中的技术研究，共分为五节内容，分别介绍了虚拟现实中的计算技术、虚拟现实中的交互技术、虚拟现实中的三维建模技术、虚拟现实中的三维虚拟声音技术、虚拟现实中的内容制作技术。

第一节　虚拟现实中的计算技术

一、GPU 并行计算技术

图形处理单元（Graphic Processing Unit，GPU），即图形处理器，是计算机显卡上的处理器，在显卡中的地位正如 CPU（Central Processing Unit，中央处理器）在计算机架构中的地位，是显卡的计算核心。GPU 这个概念是由 NVIDIA（英伟达）公司于 1999 年提出的。GPU 本质上是一个专门应用于 3D 或 2D 图形图像渲染及其相关运算的微型处理器，但其高度并行的计算特性使它在计算机图形处理方面表现优异，是显卡的计算核心。

（一）GPU 概述

GPU 最初主要用于图形渲染，而一般的数据计算则交给 CPU。20 世纪 90 年代开始，GPU 的性能不断提高，已经不再局限于 3D 图形的处理。GPU 计算技术的发展引起业界关注，事实证明在浮点运算、并行计算等方面，GPU 性能是 CPU 性能的数倍乃至数十倍。将 GPU 用于图形图像渲染以外领域的计算称为基于 GPU 的通用计算（General Purpose on GPU），一般采用 CPU 与 GPU 配合工作的模式，CPU 负责执行复杂的逻辑处理和事务管理等不适合并行处理的计算，而

GPU 负责计算量大、复杂程度高的大规模数据并行计算任务。这种特殊的异构模式利用了 GPU 强大的处理能力和高带宽，弥补了 CPU 在计算方面的性能不足，最大限度地发掘了计算机的计算潜力，提高了整体计算速度和效率，节约了成本和资源。

（二）CUDA 架构

CUDA（统一计算设备架构）是显卡厂商 NVIDIA（英伟达）推出的通用并行计算架构。该架构使 GPU 能够解决复杂的计算问题，包含了 CUDA 指令集架构及 GPU 内部的并行计算引擎。开发人员现在可以使用高级语言基于 CUDA 架构来编写程序。利用 CUDA 能够将 GPU 的高计算能力充分开发出来，使 GPU 的计算能力获得更大的提升。

不同于以前将计算任务分配到顶点着色器和像素着色器，CUDA 架构包含了一个统一的着色器流水线，使得执行通用计算的程序能够对芯片上的每个教学逻辑单元（Arithmetic Logic Unit，ALU）进行排列。所有 ALU 的运算均遵守 IEEE 对单精度浮点数运算的要求，同时使用了适于进行通用计算而不是用于图形计算的指令集。此外，存储器也进行了特殊设计。这一切设计都让 CUDA 编程变得比较容易。目前，CUDA 架构除了可以使用 C 语言进行开发之外，还可以使用 FORTBAN、Python、C++ 等语言。CUDA 开发工具兼容传统的 C/C++ 编译器、GPU 代码和 CPU 的通用代码可以混合在一起使用。熟悉 C 语言等通用程序语言的开发者可以很容易地转向 CUDA 程序的开发。

二、基于 PC 集群的并行渲染

集群系统是互相连接的多个独立计算机的集合，这些计算机可以是单机或多处理器系统（PC、工作站或 SMP），每个结点都有自己的存储器、I/O 设备和操作系统。集群对用户和应用来说是一个单一的系统，可以提供低价高效的高性能环境和快速可靠的服务。随着 PC 系统上图形渲染能力的提高和千兆网络的出现，建立在通过高速网络连接的 PC 工作站集群上的并行渲染系统具有良好的性价比和更好的可扩展性，得到了越来越广泛的应用。

该类虚拟现实系统存在一台或多台中心控制计算机（主控节点），每个主控节点控制若干台工作节点（从节点）。由中心控制计算机根据负载平衡策略向不同的工作节点分发任务，同时控制计算机接收由各个工作节点产生的计算结果，把这些计算结果综合起来得到最终的结果。集群系统通过高速网络连接单机计算机，统一调度，协调处理，发挥整体计算能力，其成本大大低于传统的超级计算机。基于网络计算的虚拟现实系统充分利用广域网络上的各种计算资源、数据资源、存储资源及仪器设备等构建大规模的虚拟环境，仿真网格是其中有代表性的工作之一。

仿真网格是分布式仿真与网格计算技术相结合的产物，其目的是充分利用广域网络上的各种计算资源、数据资源、存储资源及仪器设备等构建大规模的虚拟环境并开展仿真应用。

（一）分布式仿真与仿真网格

分布交互仿真技术已成功地应用于工业、农业、商业、教育、军事、交通、经济、医学、生命、娱乐、生活服务等众多领域，成为继理论研究和实验研究之后的第三类认识、改造客观世界的重要手段，该技术的发展经历了 SIMNET、DIS 协议、ALSP 协议共三个阶段，目前已进入高层体系结构 HLA（高级体系结构）研究阶段。HLA 技术的发展得到了国际仿真界的普遍认可，成为建模与仿真事实上的标准，并于 2000 年正式成为 IEEE 标准。HLA（高级体系结构）定义了建模和仿真的一个通用技术框架，目的是解决仿真应用程序之间的可重用和互操作问题。HLA 将为实现特定仿真目标而组织到一起的仿真应用和支持软件总称为联盟，其中的成员称为联盟成员或盟员，盟员之间通过 RTI 进行通信。

基于 HLA，可以在广泛分布的大量节点上构建大规模的分布式仿真系统，重点应用于军事指挥与训练等，其中尤以美军进行的一系列大规模军事仿真为国际仿真界所瞩目，出现了美国海军研究院的 NPSNET 和英国诺丁汉大学的 AVIARY 这样的开发平台。在应用系统方面，美国先后完成了作战兵力战术训练系统 BFTTS（Battle Force Tactical Training System）和面向高级概念技术演示的战争综合演练场 STOW（Synthetic Theater of War）的研制。目前，虚拟战场系统正朝着支持多兵种联合训练仿真方向发展。

基于 HLA/RTI 的分布交互仿真在国民经济建设、国防安全和文化教育等领域的广泛应用，在取得一定经济社会效益的同时，也出现一些问题。近年来，能对不同领域内的分布式资源进行有效管理的网格技术发展成为研究热点，一些研究机构试图基于网格技术实现虚拟现实系统。网格技术为基于虚拟现实的分布交互仿真注入了新的活力，许多学者正在探索在 HLA 仿真中结合网格技术，以解决目前 HLA 仿真中存在的一些问题。兰德公司在 2003 年向 DMSO 提交的长达 173 页的报告中指出，美国国防部应当对目前的 HLA/RTI 进行多种功能的扩展，但是这种扩展不应只局限在 HLA/RTI 的范围内做一些修修补补的工作，而应当根据商业市场的发展趋势，如 WebServices（网页服务器），重新调整 HLA/RTI 的方向。融合 WebServices（网页服务器）和网格计算技术的仿真网格成为建模与仿真领域的重要研究内容。

（二）仿真网格应用模式

目前，基于 HLA 的分布式仿真在建模与仿真领域已取得巨大成功，仿真网格应用模式的研究大多是将 HLA 与网格结合，以期望进一步增强 HLA 仿真系统的资源、管理功能。网格的本质是服务，在网格中，所有的资源都以服务的形式存在。HLA 与网格的结合就是分布式仿真系统中各种资源的服务化及通信过程的服务化。作为欧洲 CrossGrid 交叉网格计划的一部分，分布式仿真从 HLA 向网格的过渡被分为三个层次，即 RTI 层迁移、联盟层迁移和盟员层迁移。

RTI 层迁移运用网格的 Registry Service（注册表服务）解决 RTI 控制进程的发现，能够带来一定的灵活性和方便性。联盟层迁移则是在 RTIExec 信息通过网格服务发布后，利用网格核心服务传输盟员数据，并扩展 Globus 的 GridFTP 和 GlobusI/O 接口以与 RTT 进行通信。盟员层迁移的资源服务化程度最高，采用网格技术实现 HLA 通信，RTI 阵也被封装在 RTIExec 服务中。

三个层次迁移的设想给 HLA 与网格的结合提供了思路。然而，仅仅进行 RTI 层迁移实际意义并不大。目前，大量的相关工作可以分为两类：利用网格技术对分布式仿真进行辅助支持；借鉴 HLA 的某些思想，将包括盟员间通信过程的仿真资源网格服务化，以实现基于网格的分布式仿真。

1. 网格支持的分布式仿真

随着仿真规模和复杂性的增加，计算机仿真往往需要询问分布在各地的大量计算资源和数据资源。20 世纪 90 年代中期出现的基于 Web 的仿真致力于提供统一的协作建模环境，提高模型的分发效率和共享程度，缺乏动态资源管理能力。

由于开发出的模型没有组件化和标准化，互操作性和重用性也存在不同程度的问题。基于 HLA 的分布式仿真在技术层面上解决了互操作性和重用性的问题，而网格作为下一代的基础设施，能对广域分布的计算资源、数据资源、存储资源甚至仪器设备进行统一的管理。因此，许多学者尝试着将二者进行结合，利用网格技术对分布式仿真进行辅助支持。

（1）SFExpress 项目

在美国国防部高级研究计划局（DARPA）的资助下，加利福尼亚学院进行了 SFExpress 战争模拟，利用网格来改进其提出的 ModSAF 仿真。在该项目中，ModSAF 的每个进程都可以在不同的处理器上运行，Globus 通过资源管理和信息服务自动进行仿真初始化配置，加强了系统的灵活性，仿真规模达到了 5 万个以上战斗实体。然而，SFExpress 仅仅是利用网格进行仿真前的计算资源的自动配置，在仿真过程中并不能共享资源。同时，SFExpress 是基于 DIS 协议的，使用的是超级计算机，集合 13 台并行计算机之力。而现代基于 HLA 的分布式仿真一般是数十乃至数百台 PC 主机，动态管理的复杂度大大增加，通信的效率和可靠性、稳定性无法和超级计算机的共享内存方式相比。但是，分布式仿真可扩展性强，更符合军事仿真的发展需求。结合 Globus 的 SFExpress 并没有得到持续发展和推广。

（2）负载管理系统

新加坡南洋科技大学的教授提出基于网格建立负载管理系统（load management system，LMS），为基于 HLA 的仿真提供负载均衡服务。LMS 利用网格进行仿真应用的负载管理，由 Globus 进行连接认证、资源发现和任务分配，RTI 仍然提供盟员之间的数据传输，其传输效率不受影响。然而，在普通的 HLA 分布式仿真应用中，系统消耗的主要瓶颈在于信息数量大，而单个信息处理计算较小。因此，负载管理对仿真应用的作用需要在特定的仿真应用中才能体现出优势，需要在应用实践中进一步研究。

（3）面向 HLA 仿真的网格管理系统

面向 HLA 仿真的网格管理系统能够为广域网上的 HLA 仿真提供辅助功能。

面向 HLA 仿真的网格管理系统主要是为盟员迁移而设计的，包括仿真服务的发现、信息服务及组建仿真联盟的工作流服务等。盟员跟 RTI 通过标准的 HLA

接口进行通信，为此需要开放预先定义的端口。

2. 网格服务化的分布式仿真

一些学者利用网格增强 HLA 标准的功能，也有一些学者致力于将 HLA 改造为模型驱动，甚至计划将整个仿真联盟完全网格服务化以取代 HLA，作为下一代建模与仿真的标准。

（1）HLA Grid 体系

为了将 HLA 的互操作性和重用性规则应用于网格环境构建仿真联盟，HLA Grid 框架应运而生。

采用“盟员—代理—RTI”的体系结构，RTIExec 和 FedExec 在远程资源上运行，本地运行的盟员通过支持网格的 HLA 接口将标准的 HLA 接口数据转换为网格调用，然后以网格调用的形式与远程的代理通信。HLA Grid 以网格服务数据单元的形式提供 RTI 服务的内部数据，其他网格服务能够以 pull 或 push 的方式对此进行访问，具有平台无关性。此外，该框架还包括 RTI 的创建、联盟发现等服务。

HLA Grid 的网格服务调用通信比现有的 HLA 通信具有更大的开销，因此 HLA Grid 体系只能用于粗粒度的仿真应用。

（2）Web-EnabledRTI 体系

Web-EnabledRTI 体系结构，基于 Web 的盟员能通过基于 Web 的通信协议 SOAP（simple object access protocol，简单对象访问协议）和 BEEP（blocks extensible exchange protocol，块可扩展交换协议）与 DMSO/SAICRTI 进行通信。

Web-EnabledRTI 的短期目标是 HLA 盟员能通过 WebServices（网页服务器）与 RTI 进行通信，长期目标是盟员能在广域网上以 WebServices 的形式存在，并允许用户通过浏览器组建一个仿真联盟。基于 Web-EnabledRTI 已实现了包括联盟管理、对象管理、声明管理在内的所有管理的 RTI 大使服务。

（3）IDSim 体系

基于 OGSI（开放式网格服务基础设施）诞生了 IDSim 分布交互仿真框架。

IDSim 使用 Globus 的网格服务数据单元表示仿真状态，由 IDSim 服务器负责数据分发，盟员作为客户端以 pull 或 push 的方式访问 IDSim 服务器以获取或更新状态变化。IDSim 通过提供定制工具等方式降低仿真任务集成和部署的复杂性。由于 IDSim 服务器负责管理整个联盟的状态信息，提供所有与仿真相关的服务，并且各个盟员之间也通过 IDSim 服务器进行交互，因此当仿真规模较大时，IDSim 服务器很可能会成为系统瓶颈。

（4）可扩展的建模与仿真架构

美国国防部对可扩展的建模与仿真架构（extensible modeling and simulation framework，XMSF）给予了大力支持。XMSF 的目标是建立基于 Web 技术和 WebServices（网页服务器）的新一代广域网建模与仿真标准。XMSF 提倡应用对象管理组织（object management group，OMG）的模型驱动架构技术（model driven architecture，MDA）来增强所开发的分布式组件的互操作性。MDA 方法保证了使用共同的方法描述组件，并以一致的方法将不同组件进行组合。

第二节　虚拟现实中的交互技术

一、3D 显示技术

虚拟现实留给很多用户的第一印象就是目前还稍显笨重的头戴显示设备。从某种意义上来说，头戴显示设备是虚拟现实的核心设备之一，也是虚拟现实系统实现沉浸交互的主要方式之一。不管是 OculusRift、HTCVive 或 SonyPlaystation VR 这种基于电脑和游戏主机的头戴设备，还是需要配合智能手机使用的 SamsungGear VR 类型产品、Android（安卓）一体机，头戴设备所用到的立体高清显示技术都是一项关键的技术。

人眼的立体视觉原理是立体显示技术的根本支持。所以，相关领域的专家一直致力于分析探索人眼的立体视觉机制，总结立体视觉的原理，完善改进现有的立体显示系统，给用户更好的视觉体验。如果要在虚拟世界中看到立体效果，就需要知道人眼立体视觉产生的原理，然后用一定的技术通过显示设备还原立体三维效果。

人类需要通过双眼观察世界才能获得立体感。那么，在虚拟现实系统中，如何通过头戴式显示设备还原立体三维的显示效果呢？目前，一般采用以下几种方式重现立体三维图像效果。

（一）偏振光分光 3D 显示

偏振光是一个光学名词，这种技术的原理是使用偏振光滤镜或偏振光片过滤掉特定角度除偏振光以外的所有光，让零度的偏振光只进入右眼，90° 的偏振光只进入左眼。两种偏振光分别搭载两套画面，观众观看的时候需要佩戴专用眼镜，而眼镜的镜片则由偏振光滤镜或偏振光片制作，从而完成第二次过滤。

偏振光分光 3D 显示技术可追溯到 1890 年，基于偏振光原理的 3D 投影设备被发明，当时使用的是尼科尔棱镜。

不过，直到埃德温·兰德（Edwin Land）发明了偏振塑料片后，偏振光 3D 眼镜才有了用武之地。1934 年，埃德温·兰德首次使用这种技术投影并观看三维图像。1936 年 12 月，纽约科学与工业展览博物馆使用该技术向普通大众播放了三维电影 *Polaroid on Parade*。1939 年，纽约世博会上克莱斯勒公司使用该技术向每天数以万计的观众播放一部短的三维电影，当时使用的观影设备是一个免费的手持纸板眼镜。当然，那个年代的 3D 电影大多是黑白的。

1952 年，首部彩色 3D 好莱坞大片《非洲历险记》上映，一时间掀起了 3D 显示技术的热潮。《生活》杂志曾将一名佩戴了 3D 眼镜的观众的照片作为封面。

3D 电影的基本拍摄原理是这样的：人的双眼大约有 10 厘米距离，观看物体时，两只眼睛看同一物体时，看到的是反映同一物体的不同侧面的两个画面，经过大脑整合后成为一幅立体图像，所以要透过两只眼睛的视角，才能看到更加真实的东西。基于人眼观察景物的成像规律，3D 电影在拍摄时也会设置两个机位，对应人的左右眼，用两台并列放置的摄像机拍摄电影画面，这两路电影画面会模拟人眼的视差。播放电影的时候也要用到两个放映机，分别播放两路视角的影片，放映镜头前需要配置两个偏振镜（根据光线的偏振原理制造的镜片，用来排除和滤除光束中的直射光线，使光线能于正轨之透光轴投入眼睛视觉影像）。当银幕上同时显示来自两台放映机的同步画面时，就形成了模拟人眼视角的立体影像。

偏振光分光 3D 显示技术又分为线偏振光分光技术和圆偏振光分光技术。20 世纪 80 年代以前以线偏振光分光技术为主，而此后圆偏振光分光技术开始成为主流。在使用线偏振眼镜观看立体电影时，眼镜必须始终处于水平状态。如果稍有偏转，左右眼就会看到明显的重影。而圆偏振光眼镜就不存在这样的问题，其通光特性和阻光特性基本不受旋转角度的影响。

进入21世纪以后，纸盒眼镜已经很少见了，塑料眼镜成为主流，而且相关费用基本包含在电影票里面。随着计算机动画技术的进步和数字投影技术的发展，以及IMAX70mm影片投影机的使用，新一波偏振3D影片的浪潮再次袭来。以前观看偏振3D影片是一种奢侈的体验，最近几年已经在各大电影院中普及。

（二）图像分色立体显示

说起图像分色技术（Anaglyph3D），其实很多人并不陌生。20世纪80年代，观看所谓的立体电影，就是进入电影院时戴红色和蓝色的眼镜。镜框和镜架的材料通常是纸做的，镜片也不过是一红一蓝两张塑料制作的透明镜片，相比偏振眼镜来说成本低廉。

使用分色技术制作影像会将不同视角上拍摄的影像以两种不同的颜色（通常是蓝色和红色）保存在同一幅画面中。在播放影像时，观众需要佩戴红蓝眼镜，每只眼睛都只能看到特定颜色的图像。不同颜色图像的拍摄位置有所差异，因此双眼在将所看到的图像传递给大脑后，大脑会自动接收比较真实的画面，而放弃昏暗模糊的画面，并根据色差和位移产生立体感与深度距离感。

分色眼镜的好处是观看立体影像非常方便，在任何显示器上都可以观看，甚至是打印的分色照片都可以观看。当然，这种简单的分色滤光方案的缺点也非常明显，如果立体位移距离过远，人脑就不能把两幅画面合到一起，形成立体影像；而如果有偏色处理不当之类的问题，3D表现效果就会受到很大影响。

（三）杜比图像分色

使用偏振原理的立体显示技术效果最好，也就是所谓的IMAX 3D（线偏振）或者RealD（圆偏振），但是在普通的家庭影院或者电脑显示器上实现的难度很大。依据偏振原理的立体显示技术不仅需要两台加装了偏振镜头的投影仪和两路使用不同角度拍摄的影像，还要配合专业的播放设备和同步装置，显然，如此复杂的装备和高昂的成本不是每个普通用户都可以承受的。

使用分色滤光原理的立体显示技术成本低廉，也可以在任何显示设备上实现，但遗憾的是偏色效果严重，而且立体效果也不尽如人意。随着数字影像技术的发展，传统的分色技术被所谓的杜比图像分色技术（Dolby 3D）所替代。实际上，在中国内地的影院中，目前绝大多数的3D电影采用杜比3D显示技术。杜比3D

显示技术比起 IMAX 3D 存在一定的差异，但是效果已经非常好了。

杜比 3D 技术需要使用专用的数字投影机播放 2D 和 3D 影片，投影机的内部放置了一个快速转动的滤光轮，其中包含另外一组红色、绿色和蓝色的滤光片。这组滤光片可以产生和原始滤光片一样的色域，同时会让光线以不同的波长传播，分别包含左右眼的影像内容。带有二向色滤光片的分色眼镜可以过滤掉其中特定波长的光线，从而让两只眼睛看到不同的画面。通过这种方式，单个投影机就可以同时播放两种不同的画面。其实杜比 3D 眼镜比 RealD Cinema（优质精品厅）系统的圆偏振眼镜更贵，但好处是杜比 3D 影像可以在传统的荧幕上播放。有人认为杜比 3D 的效果已经超过了 IMAX，当然，在这一点上就是见仁见智了。

（四）分时显示

分时显示技术（active shutter 3D system）是用来显示 3D 影像的一种方式。顾名思义，就是让两套影像在不同的时间播放。比如，在播放左眼看的图像时就用眼镜遮挡住右眼的视野；反过来，在播放右眼看的图像时就用眼镜遮挡住左眼的视野。如此高速切换两套影像的播放，会在人眼视觉暂留特性的作用下形成连续的画面。这种技术因为类似于相机的快门技术，所以习惯上又称为主动式快门 3D 显示技术。

目前的主动式快门 3D 系统通常使用液晶快门眼镜，可以用作 CRT（阴极射线显像管）显示器、等离子显示器、LCD（液晶显示器）、投影仪和其他类型的影像播放。同步信号则分为有线信号、红外信号、无线电信号（蓝牙等）。

相对于红蓝分光 3D 眼镜，主动式快门 3D 眼镜不会出现偏色现象。而相比偏光 3D 系统，快门 3D 眼镜可以保证影像的完整分辨率。

主动式快门 3D 眼镜的缺点也很明显，以 CRT 实现为例，CRT 实现要求眼镜和显示器的时钟同步非常精确，否则就会产生视觉混乱。如今主流的 LCD 和 OLED（有机发光二极管）则要求显示器的刷新率至少要超过 100Hz，甚至是 120Hz。在很长一段时间里，因为显示面板的刷新率无法突破 100Hz，分时显示技术一度停滞。

随着近年来显示面板技术的发展，分时显示技术又重新焕发了活力。

（五）HMD 头戴显示技术

HMD 头戴显示技术的基本原理是让影像透过棱镜反射后，进入人的双眼并在视网膜中成像，营造出在超短距离内看超大屏幕的效果，而且具备足够高的解析度。

头戴显示器通常拥有两个显示器，两个显示器由计算机分别驱动，会向两只眼睛提供不同的图像。这样就形成了双眼视差，再通过人的大脑将两个图像融合，以获得深度感知，从而得到立体的图像。

早在 Oculus Rift（傲库路思头戴显示器）之前，索尼的 HMZ 系列头戴显示设备就已经风行于世，主流的沉浸式虚拟现实头戴设备大多数基于双显示屏技术。

除了这种直接内置屏幕显示图像的 HMD 显示屏技术，还有一种视网膜投影技术。简单来说，就是通过投影系统把光线射入人眼，然后大脑会自动呈现虚像。

前一种通过内置显示屏显示图像的技术更适合沉浸式体验，也就是严格意义上的虚拟现实；而视网膜投影技术则更适合在真实影像上叠加投射图像，也就是所谓的增强现实。

（六）微软 HoloLens（全息透镜）概念展示

微软的黑科技产品 HoloLens 和受到众人热捧的更神秘的 Magic Leap 又是基于什么原理呢?

HoloLens 相当于谷歌眼镜的升级版方案，可以看作谷歌眼镜和 Kinect 的合体产品。它内置了独立的计算单位，通过处理从摄像头所捕捉到的各种信息，借助自创的 HPU（全息处理芯片），透过层叠的彩色镜片创建出虚拟物体影像，再借助类似 Kinect 的体感技术，让用户从一定角度和虚拟物体进行交互。依靠 HPU 和层叠的彩色镜片，HoloLens 可以让用户将看到的光当成 3D 图像，感觉这些全息图像直接投射到现实场景的物体上。当用户移动时，HoloLens 借助广泛应用于机器人和无人驾驶汽车领域的同步定位与建图（SLAM）技术获取环境信息，计算出玩家的位置，保证虚拟画面的稳定。

而 Magic Leap 单从显示技术上看，要比 HoloLens 高出不止一个数量级。Magic Leap 采用所谓的“光场成像”技术，从某种意义上可以算作“准全息投影”技术。它的原理是用螺旋状振动的光纤形成图像，直接让光线从光纤弹射到人的视网膜上。简单来说，就是用光纤向视网膜直接投射整个数字光场（digital lightfield），产生所谓的电影级现实（cinematic reality）。

之所以说 Magic Leap 是“准全息投影”技术，是因为真正的 3D 全息投影技术可以直接投影到空气中，无须佩戴专用眼镜观看，但 Magic Leap 的显示技术仍然需要佩戴眼镜。Magic Leap 的创始人宣称未来将可以实现真正意义上的无须佩戴眼镜的 3D 全息投影，这一点就只有靠时间去检验了。单靠立体显示技术远远不能实现真正的虚拟现实或增强现实系统，但是普通大众确实很容易产生这种误解，甚至经常会把 3D 头戴显示系统和虚拟现实系统混为一谈，因为头戴显示系统是最直观、最简单的效果展示方式。

二、多感知自然交互技术

在 XBOX 平台的《哈利·波特》游戏中，华特迪士尼公司选择使用体感操控设备 Kinect 控制游戏。魔法棒的操控、咒语的施展、药剂的调配、经典的魔法战斗过程……使用体感交互的方式无疑更加自然。遗憾的是，仅仅有 Kinect 体感交互技术无法让玩家产生十足的沉浸感。虚拟现实要实现完美的沉浸感，需要用到以下这些自然交互技术。

（一）动作捕捉

为了实现和虚拟现实世界中的场景与人物的自然交互，需要捕捉人体的基本动作，包括手势、身体运动等。实现手势识别和动作捕捉的主流技术分为两大类：一类是光学动作捕捉，另一类是非光学动作捕捉。光学动作捕捉包括主动光学捕捉和被动光学捕捉，而非光学动作捕捉技术则包括惯性动作捕捉、机械动作捕捉、电磁动作捕捉和超声波动作捕捉。从动作捕捉的范围来看，动作捕捉又分为手势识别、表情捕捉和身体动作捕捉三大类。

典型的动作捕捉系统包括传感器、信号捕捉设备、数据传输设备和数据处理设备。通过不同技术实现的动作捕捉设备各有优缺点，可以从定位精度、实时性、方便程度、可捕捉的动作范围大小、抗干扰性、多目标捕捉能力等方面来评价。

在众多动作捕捉技术中，机械式动作捕捉技术的成本低，精度也较高，但使用起来非常不方便。超声波式运动捕捉装备成本较低，但是延迟比较大，实时性较差，精度也不是很高，目前使用比较少。电磁动作捕捉技术比较常见，一般由发射源、接收传感器和数据处理单元构成。发射源用于产生按一定规律分布的电磁场，接收传感器则安置在演员的关键位置，随着演员的动作在电磁场中运作，并通过有线或无线方式和数据传输单元相连。电磁动作捕捉技术的缺点是对环境要求严格，活动限制大。

惯性动作捕捉技术也是比较主流的动作捕捉技术之一，其基本原理是通过惯性导航传感器和惯性测量单元（IMU）测量演员动作的加速度、方位、倾斜角等特性。惯性动作捕捉技术的特点是不受环境干扰，不怕被遮挡，采样速度高，精度高。2015 年 10 月，由奥飞动漫参与 B 轮投资的诺亦腾就是一家提供惯性动作捕捉技术的国内科技创业公司，其动作捕捉设备曾用在 2015 年最热门的美剧《冰与火之歌：权力的游戏》中，并帮助该剧勇夺第 67 届艾美奖的“最佳特效奖”。

光学动作捕捉技术最常见，基本原理是通过对目标上特定光点的监视和跟踪完成动作捕捉的任务，通常基于计算机视觉原理。典型的光学动作捕捉系统需要若干相机环绕表演场地，相机的视野重叠区就是演员的动作范围。演员需要在脸部、关节、手臂等位置贴上特殊标志，也就是“Marker”，视觉系统将识别和处理这些标志。目前，已经出现了不需要“Marker”标志点的光学动作捕捉技术，由视觉系统直接识别演员的身体关键位置及其运动轨迹。光学动作捕捉技术的特点是演员活动范围大，采样速率较高，适合实时动作捕捉，但是系统成本高，后期处理的工作量也比较大。

目前，并不存在一种堪称完美的动作捕捉技术。最经常使用动作捕捉技术的莫过于游戏、动画和电影行业。除了游戏公司热衷于使用动作捕捉技术，好莱坞的大导演也喜欢用这种技术打造完美的 CG 效果，甚至完全取代了手绘动画。采用动作捕捉技术打造的经典人物形象包括《指环王》中的咕噜、《金刚》中的金刚、《阿凡达》中的纳威人等。影片《霍比特人：意外之旅》中的哥布林、食人妖、半兽人和巨龙史矛革等，也都是通过人体动作捕捉技术塑造的经典形象。

《辛巴达：穿越迷雾》是首部主要使用动作捕捉打造的电影，《指环王：双塔奇谋》则是首部使用实时动作捕捉系统的电影。通过实时动作捕捉，演员安迪·瑟金斯（Andy Serkis）的动作被完美呈现在计算机生成的咕噜身上。

从 2001 年开始，动作捕捉被广泛应用在拍摄具有照片级真实度的数字人物形象上，令人印象最深刻的莫过于《阿凡达》中的纳威人。该电影使用 Autodesk Motion Builder（运动生成器）软件生成人物角色在电影中的实际形象，大大提高了拍摄的效率。

2016 年初上映的著名科幻电影《星球大战 7》也采用了动作捕捉技术，让千奇百怪的外星种族战斗表现得栩栩如生。

2015 年 11 月，苹果公司收购的 Faceshift（变脸）就是一家提供实时面部表情识别和捕捉系统解决方案的公司，其技术在《星球大战》系列电影中得到应用。

（二）3D 光感应

以上提到的几种动作捕捉技术各有优劣，但有一个共同缺点就是系统过于复杂，成本高昂，更适合商用，也就是供游戏开发商或者影视制作公司使用，普通玩家和用户短期内不太可能用上如此复杂且价格高昂的设备。

相对廉价的家用技术和产品也能实现类似的效果，配合微软 XBOX 的体感设备 Kinect 就是其中的佼佼者。Kinect 设备基于 3D 深度影像视觉技术，或称作结构光 3D 深度测量技术。Kinect 的机身上有 3 个镜头，中间是常见的 RGB 彩色摄像头，左右两侧则是由红外线发射器和红外线 CMOS 感光元件组成的 3D 深度感应器，Kinect 主要靠这个 3D 深度感应器捕捉玩家的动作。中间的摄像头可以通过算法识别人脸和身体特征，从而辨识玩家的身份，并识别玩家的基本表情。

Kinect 所使用的红外 CMOS 感光元件是一个单色感应器，可以在任何光环境下捕捉 3D 视频数据。它以黑白光谱的方式感知外部环境，其中，纯黑色代表无穷远，纯白色代表无穷近，之间的灰色地带则对应物体到传感器的物理距离。这个感应器会收集视野范围内的每一点，形成代表周围环境的景深图像，从而实时 3D 再现周围环境。在获得景深图像后，Kinect 会使用算法辨识人体的不同部位，将人体从背景环境中区分出来，最终形成人体的骨骼模型跟踪系统。

（三）眼动追踪

眼动追踪的通俗说法就是眼球追踪，最早主要用在视觉系统研究和心理学研究中。1879 年，法国生理心理学家路易斯・埃米尔・加瓦尔（Luois Emile Javal）开始通过这种技术研究人类的注意力。

在虚拟现实世界中，视觉感知的变化主要取决于对用户头部运动的跟踪，所以，以 Oculus Rift（傲库路思头戴显示器）为代表的虚拟现实头盔设备中都会配一个专门用于跟踪头部运动的传感器。用户的头部发生运动时，系统所生成的图像需要同步发生变化，这样才能实现实时的视觉显示效果。

在日常生活中，很多时候人们在不转动头部的情况下，通过转移视线方向观察环境。如果在虚拟环境中用视线焦点的移动进行一些简单的交互，那么，眼动追踪就显得特别重要了。

眼动追踪的原理其实很简单，就是使用摄像头捕捉人眼或脸部的图像，然后用算法实现人脸和人眼的检测、定位和跟踪，从而估算用户的视线变化。目前主要使用光谱成像和红外光谱成像两种图像处理方法，前一种需要捕捉虹膜和巩膜之间的轮廓，而后一种则跟踪瞳孔轮廓。其实，眼球追踪技术对有些用户并不陌生，三星和 LG 都曾经推出过搭载眼球追踪技术的产品。例如，三星 Galaxy S4（三星盖乐世 S4）就可以通过检测用户眼睛的状态控制锁屏时间，LG（乐喜金星）的 Optimus（擎天柱）手机也可以支持使用眼球追踪控制视频播放。

眼动追踪技术可以和人工智能技术相结合，未来实现和游戏中的人物进行眼神交流。此外，眼动追踪技术还可以帮助残障人士输入文字、操控键盘、演奏音乐等。

（四）语音交互

在和现实世界进行交流时，除了眼神、表情和动作之外，最常用的就是语音交互。一个完整的语音交互系统包括对语音的识别和对语义的理解两大部分，不过人们通常用“语音识别”这个词来概括。语音识别包含特征提取、模式匹配和模型训练三方面的技术，涉及领域包括信号处理、模式识别、声学、听觉心理学、人工智能等。

1932 年，贝尔实验室的研究员哈维·福莱柴尔（Harvey Fletcher）启动了语音识别的研究工作。1952 年，贝尔实验室拥有了第一套语音识别系统。当然，这套系统还很原始，只能识别一个人，词汇量在 10 个单词左右。遗憾的是，贝尔实验室的语音识别研究资金很快被停掉了，好在美国军方一直对前沿科学研究不遗余力地进行支持。1971 年，著名的美国国防部先进研究项目局（DARPA）提供了为期 5 年的研究资金，用于研究词汇量不少于 1000 个单词的语音理解研究项目。

进入 20 世纪 80 年代，IBM 在语音识别技术上取得了突破性进展，出现了 N-Gram 这种大词汇连续语音识别的语言模型。当然，语音识别技术的突飞猛进在很大程度上要归功于计算机性能的提升。

2015 年，微软推出了自家最新版的人工智能助手“小冰”。但人们对“小冰”的语音识别能力并没有留下太深刻的印象。在国内，以科大讯飞为代表的中文语音识别技术号称语音识别的准确性提升到 95% 以上，但科大讯飞的技术更多属于对语音的识别，在语义理解方面并没有取得实质性的进展。语音交互技术虽更多属于算法和软件的范畴，但其开发难度及提升空间丝毫不逊于任何一种交互技术。

（五）触觉技术

触觉技术（haptic technology）又被称作“力反馈”技术，在游戏行业和虚拟训练中一直有相关的应用。

触觉技术通常包含三种，分别对应人的三种感觉，即皮肤觉、运动觉和触觉。触觉技术最早用于大型航空器的自动控制装置，此类系统都是“单向”的，外部的力通过空气动力学的方式作用到控制系统上。

部分游戏操控器设备上开始采用触觉技术。2007 年，Novint 发布了 Falcon（猎鹰），这是首款消费级 3D 触觉游戏控制器。它的功能类似于机器人，可以取代传统的鼠标和控制器，可以产生高精度的三维空间的力反馈。

（六）嗅觉及其他感觉交互技术

就目前的虚拟现实技术和研究方向来看，开发者们主要试图模拟视觉和听觉这两种最直观的触觉，在相关方面的投入最多，这样一来，与其他触感有关系的交互技术的研发进展就相对落后了，不过，还是有一部分研究机构和创业团队专门负责解决相关领域的问题。

在美国当地时间 2015 年 3 月 4 日召开于旧金山的游戏开发者大会上，Feelreal 公司首次展示了一款可以实现嗅觉交互的配件，通过这一设备，使用者就能在虚拟世界中获得“嗅觉”，闻到虚拟物质的味道，甚至还能感受物质温度。这款配件的外观是一个像面具一样的装置，通过配置的加热和冷冻装置、喷雾装置、振动马达、音响设备等组建为用户提供嗅觉与触觉体验，另外还配有一个可拆卸的气味发生器，开发者表示其“能提供 7 种气味”，包括海洋、草地、森林、花朵、粉末、火焰与金属物质。

当然，这项技术离成熟还相差甚远，美国知名科技媒体 The Verge 的编辑在实际体验后认为，佩戴这款设备基本上就是一种“折磨”。即便如此，我们也有理由对这种尝试鼓掌。想象一下，未来在虚拟世界中，漫步在虚拟的草地上，可以闻到青草的芳香；掬起一把泥土，可以闻到泥土的味道。

（七）数据手套和数据衣

为了实现虚拟现实系统中的自然交互，经常需要将多种感知交互技术结合在一起，形成一种特定的产品或者解决方案。数据手套和数据衣就是其中最经典的交互解决方案。以数据手套为例，根据用途不同，数据手套可以分为动作捕捉数据手套和力反馈数据手套两种。动作捕捉数据手套的主要作用就是捕捉人体手部的姿态和动作，通常由多个弯曲传感器组成，可以感知手指关节的弯曲状态。力反馈手套的主要作用则是借助手套的触觉反馈能力，让用户“亲手”触碰虚拟世界中的场景和物体，在与计算机制作的三维场景和物体的互动中真实感觉到物体的振动和力反馈。

数据手套只能满足人体手部进行自然交互的需求，如果让人体多个部位都感觉到虚拟世界中的反馈，就需要用到数据衣。和数据手套类似，数据衣也分为动作捕捉数据衣和感知反馈数据衣两种。动作捕捉数据衣是为了让虚拟现实系统识别人体全身运动而设计的输入装置；感知反馈数据衣的作用不是输入，而是输出。当虚拟世界的环境和物体通过物理规律对用户的虚拟形象产生作用时，如刮风、下雨、温度变化、受到虚拟人物的攻击、物体抛掷或降落等，感知反馈数据衣的触觉反馈装置和多感知反馈装置会让用户产生身临其境的感觉。

目前，用于动作捕捉的数据衣已经投入商用。此外，还有很多“智能数据衣”产品通过在衣服中内置微型传感器，可以检测人体的各种体征变化，从而应用于健康管理和运动管理领域。

（八）模拟设施

和数据手套、数据衣一样，模拟驾驶舱、模拟飞行器或其他模拟设施并不是一种自然交互技术，而是综合利用各种交互技术设计的产品方案。

目前，仍需要使用各种不同的模拟设施，是因为触觉技术、多感知反馈技术均处于早期发展的阶段。此外，对于一些特殊环境下（如外太空的失重效应）的虚拟场景模拟也需要用到各种模拟设施，以便让使用者产生真正完美的沉浸感。

三、3D 全息投影

虚拟现实分为沉浸式虚拟现实、增强现实和混合现实。当进入 VR 世界时，需要佩戴 VR 眼镜进入《黑客帝国》那样完全虚拟的世界。但是，AR 和 MR 则不同，人们希望看到的是类似于《星球大战》和《钢铁侠》里面的场景，将来自另一个时空的人物或场景的三维影像直接投影到空气中，并实现自然交互。这种技术就是全息投影。

全息投影可以利用光线的干涉和衍射原理再现物体真实的三维图像，不仅可以产生立体的三维图像，还可以让三维图像和使用者进行互动。1947 年，英国物理学家丹尼斯·盖伯（Dennis Gabor）发明了全息投影术，并获得了 1971 年的诺贝尔物理学奖。这项技术最开始用于电子显微技术，故又被称作电子全息投影技术。真正意义上的全息投影技术一直到 1960 年激光发明后才取得了实质性的发展。1962 年，苏联的尤里·丹尼苏克（Yuri Denisyuk）首次实现了记录 3D 物体的光学全息影像。几乎在同一时间，美国密歇根大学的研究人员也发明了同样的技术。

3D 全息投影技术可以分为投射全息投影和反射全息投影两种，是全息摄影技术的逆向展示。和传统的立体显示技术利用双眼视差原理不同，3D 全息投影技术可以通过将光线投射在空气或者特殊的介质上真正呈现 3D 的影像。人们可以从任何角度观看影像的不同侧面，得到与观看现实世界中物体完全相同的视觉效果。

其实 3D 全息投影技术离普通大众并不遥远，2015 年 6 月，二次元的“超级女声”偶像初音未来在上海举办了 3D 全息投影演唱会，让无数宅男宅女为之疯狂。这些演出中就用到了当今商用领域最主流的全息投影技术，将所需的影像投射在专用的全息膜上。

目前，各类表演中所使用的全息投影技术都需要用到全息膜这种特殊的介质，而且需要提前在舞台上做各种精密的光学布置。虽然效果绚丽无比，但成本高昂、操作复杂，需要进行专业训练，并非每个普通人都可以轻松享受。从某种程度上来说，目前的主流商用全息投影技术只能被称作“伪全息投影”。

真正的3D全息投影技术可以摆脱对全息膜的依赖，直接投射在空气中，实现随时随地的显示，但目前的技术并不成熟。2013年，以色列一家名为Real View的公司开发出了一种梦幻般的医用3D全息投影系统。使用这项全新的技术，医生可以用3D全息投影模拟手术操刀，从而为外科医生实习生培训和远程医疗打造新平台，这项新技术将极大地提高外科手术的成功率。

四、脑机接口

人们曾幻想着在某一个虚拟世界当中，通过思想操控电脑、驾驶汽车、与他人进行交流，不再需要笨重的键盘或液压方向盘……在这样的世界里，依靠身体动作或言语表达意图已经变得毫无意义。一个人的想法会被有效而完美地转化为纳米工具的细微操作或者尖端机器人的复杂动作。不用动手输入一个字，也不用动口说出一个词，就可以在网络上与世界任何地方的任何人进行交流。足不出户，便能够体验到触摸“遥远星球”表面是什么感觉。

实际上，很多游戏爱好者与科幻迷每当提到虚拟现实技术，第一时间想到的就是脑机接口技术。为了实现完美的虚拟现实沉浸感，使用脑机接口的确是一种终极解决方案。因为无论使用何种设备和算法模拟外界的环境刺激，或是向虚拟世界提供交互信号，都比不上直接让大脑和虚拟世界建立一种数字纽带来得直接和彻底。

脑机接口（brain computer interface，BCI）顾名思义，就是大脑和计算机直接进行交互，又被称作意识-机器交互、神经直连。脑机接口是人或者动物的大脑和外部设备间建立的直接连接通道，又分为单向脑机接口和双向脑机接口。单向脑机接口只允许单向的信息通信，如只允许计算机接收大脑传来的命令，或者只允许计算机向大脑发送信号；而双向脑机接口则允许大脑和外部计算机设备间实现双向的信息交换。

脑机接口技术的发展跟一项神经科学技术息息相关，那就是脑电图（eletroencephalography，EEG）。1924年，汉斯·贝格尔（Hans Berger）首次使用该项技术记录了人类大脑的活动。贝格尔当时采用的技术很原始野蛮，他直接把银质的电线放到病患的头皮下面，如今的EEG测量技术显然不需要这样。

虽然诸多科幻小说对脑机接口有过各种想象，但真正的脑机接口技术（BCI）研究始于 20 世纪 70 年代，由加州大学洛杉矶分校在美国国家科学基金会的资助下开展，后来又成功获得了美国国防部先进研究项目局的资助。从脑机接口的研究开始，科学家重点关注的应用领域是如何使用神经义肢技术帮助残障人士重新获得听力、视力和行动能力。由于人脑具有非常强的可塑性，所以，从义肢获取的信号经过适配后，可以由大脑的自然感应器或效应通道进行处理。经过多年的动物实验，20 世纪 90 年代，人类首次成功完成了神经义肢设备的移植。

在短短几十年的时间里，脑机接口技术已经实现了一些重大的研究突破。菲利普·肯尼迪（Philip Kennedy）和他的同事们通过将锥形神经电极植入猴子的大脑，实现了首个皮层内脑机接口。1999 年，加州大学伯克利分校的杨丹（Yang Dan）通过对神经元活动进行解码，重现了猫所看到的图像。

杜克大学的知名巴西裔教授，《脑机接口》（*Beyond Bowndaries*）一书的作者米格尔·尼科莱利斯（Miguel Nicolelis）在脑机接口的研究上取得了令人瞩目的成果。米格尔在 20 世纪 90 年代先是对老鼠展开了实验，然后又在夜猴身上实现了重大突破。在对夜猴的神经元活动进行解码后，可以使用设备将夜猴的动作完全复制到机器人的手臂上。2000 年，米格尔的团队已经可以将这一过程实时进行，甚至可以通过互联网远程操控机器人的手臂。当然，米格尔所实现的脑机接口仍然属于单向脑机接口。米格尔团队进一步使用恒河猴替代了夜猴，并将单向脑机接口拓展成双向脑机接口，也就是让恒河猴可以感受到机器人手臂对外界物体的操控力反馈。

米格尔团队的研究成果在 2014 年世界杯的开幕仪式上首次让世人为之震惊。在巴西世界杯的开幕仪式上，28 岁的瘫痪青年茱莉亚诺·平托身穿米格尔团队打造的“机械战甲”，为本届世界杯开出第一球。这无疑是人类体育赛事上最具科技含量的一脚，也成了整个开幕式上最令人感动的一刻。这套“机械战甲”被命名为“Bra-Santos Dumont”，其中，“Bra”代表巴西，“Santos Dumont”代表巴西历史上的著名发明家亚伯托·桑托斯·杜蒙，他也是世界上驾驶飞艇绕埃菲尔铁塔飞行一周的第一人。

“机械战甲”的学名是“外骨骼”，由米格尔团队领导的来自 25 个国家的 150 多名科学家联合打造，属于非营利项目“再行走计划”的研究成果之一。米格尔介绍说，这套“外骨骼”战甲由肢体辅助装置和神经传感系统组成，在头盔和身体上装有神经信号传感器。当平托的大脑发出指令后，脑电信号将无线传输到背包内的计算装置，经过处理转化为相应指令，并驱动液压装置完成开球动作。研究小组曾找了 8 名不同的瘫痪患者试验这套“战甲”，均成功行走。患者纷纷表示这是一种“真正行走的感觉”，这就意味着米格尔梦寐以求的双向脑机接口已经取得了实质意义上的突破。

当然，这套设备在短期内还无法投入商用阶段。一方面，由于技术还不够成熟，需要至少 10 年甚至 20 年的研发；另一方面，设备的成本高达数万美元，而且重 10kg。不过，想想《明日边缘》里汤姆·汉克斯那套霸气十足的机械外骨骼，再看看《环太平洋》里威风凛凛的人类机甲战士，这一切值得等待。

除了纯粹的科学研究，也有一些创业先锋在尝试将脑机接口技术应用于日常生活中。例如，神念科技的 BrainLink（智能头箍）可以采集大脑产生的生物电信号，并通过 eSense 算法获取使用者的精神状态参数（专注度、放松度）等，实现基于脑电波的人机交互或意念控制。

目前，神念科技的所有产品都属于典型的“单向”脑机接口，只能让计算机设备从大脑获取某些信息，而无法将信息通过脑机接口直接传达给大脑。

从纯科学研究的角度看，脑机接口技术还处于十分早期的阶段。至于将脑机接口应用于虚拟现实领域，则需要更长的时间。从这个角度来看，人类离真正意义上虚拟现实时代的来临至少还有 30 年的时间。但终有一天，人类将迈进“脑联网”时代，期待能够见证这一天的到来。

第三节　虚拟现实中的三维建模技术

虚拟环境是虚拟现实系统的核心内容。建立虚拟环境首先要建模，然后在此基础上进行实时绘制、立体显示，形成一个虚拟的世界。虚拟环境建模的目的是获取实际三维环境的三维数据，并根据其应用的需要，利用获取的三维数据建立相应的虚拟环境模型，只有设计出反映研究对象的真实有效的模型，所建立的虚拟现实系统才有可信度。

在虚拟现实系统中，三维建模技术包括基于视觉、听觉、触觉、力觉、味觉等多种感觉通道的建模。但基于目前的技术水平，常见的三维建模技术主要是三维视觉建模，这方面的理论和技术都相对比较成熟。三维建模技术主要包括几何建模、物理建模、行为建模。

一、几何建模技术

传统意义上的虚拟场景基本上都是基于几何的，就是用数学意义上的曲线、曲面等数学模型预定义好虚拟场景的几何轮廓，再采取纹理映射、光照等数学模型加以渲染。在这种意义上，大多数虚拟现实系统的主要部分是构造一个虚拟环境并从不同的路径方向进行漫游。要达到这个目标，首先是构造几何模型，其次模拟虚拟照相机在六个自由度运动，并得到相应的输出画面。现有的几何造型技术可以将极复杂的环境构造出来，存在的问题是极为烦琐，而且在真实感程度、实时输出等方面有着难以跨越的鸿沟。

基于几何的建模技术主要研究对象是对物体几何信息的表示与处理，它涉及几何信息数据结构及相关构造的表示与操纵数据结构的算法建模方法。

几何模型一般可分为面模型与体模型两类。面模型用面片来表现对象的表面，其基本几何元素多为三角形；体模型用体素来描述对象的结构，其基本几何元素多为四面体。面模型相对简单一些，而建模与绘制技术也相对较为成熟，处理方便，但难以进行整体形式的体操作（如拉伸、压缩等），多用刚体对象的几何建模。体模型拥有对象的内部信息，可以很好地表达模型在外力作用下的体特征（如变形、分裂等），但计算的时间与空间复杂度也相应增加，一般用于软体对象的几何建模。

几何建模通常分为利用程序语言、图形、软件进行建模的人工建模方法和利用三维扫描仪对实际物体进行三维建模的自动建模方法。

二、物理建模技术

在虚拟现实系统中，虚拟物体（包括用户的图像）必须像真的一样，至少固体物质不能彼此穿过，物体在被推、拉、抓、取时应按预期方式运动。所以说几何建模的进一步发展是物理建模，也就是在建模时考虑对象的物理属性。虚拟现实系统的物理建模是基于物理方法的建模，往往采用微分方程来描述，使它构成动力学系统。这种动力学系统由系统分析和系统仿真来实现。典型的物理建模方法有分形技术和粒子系统。

分形技术：分形技术是指可以描述具有自相似特征的数据集。最相似的典型例子是树：若不考虑树叶的区别，当人靠近树梢时，树的树梢看起来也像一棵大树。由相关的一组树梢构成一根树枝，从一定距离观察时也像一棵大树。当然，由树枝构成的树从适当的距离看时自然是棵树。虽然，这种分析并不十分精确，但比较接近。这种结构上的自相似称为统计意义上的自相似。

自相似结构可用于复杂的不规则外形物体的建模。该技术首先被用于河流和山体的物理特征建模。举一个简单的例子，可利用三角形来生成一个随机高度的地形模型：取三角形三边的中点并按顺序连接起来，将三角形分割成四个三角形，同时在每个中点随机地赋予一个高度值，然后递归上述过程，就可产生相当真实的山体。

分形技术的优点是用简单的操作就可以完成复杂的不规则物体建模；缺点是计算量太大，不利于实时性，因此在虚拟现实中一般仅用于静态远景的建模。

粒子系统：粒子系统是一种典型的物理建模系统，是用简单的体素完成复杂运动的建模。所谓体素是用来构造物体的原子单位，体素的选取决定了建模系统所能构成的对象的范围。粒子系统由大量称为粒子的简单体素构成，每个粒子具有位置、速度、颜色和生命周期等属性，这些属性可根据动力学计算和随机过程得到。根据这个可以产生运动进化的画面，在虚拟现实中，粒子系统常用于描述火焰、水流、雨雪、旋风、喷泉等现象。为产生较真的图形，它要求有反走样技术，并花费大量绘制时间。在虚拟现实系统中粒子系统用于动态的、运动的物体建模。

三、行为建模技术

几何建模与物理建模相结合，可以部分实现虚拟现实“看起来真实、动起来也真实”的特征，而要构造一个能够逼真地模拟现实世界的虚拟环境，必须采用行为建模方法。行为建模技术主要研究的是物体运动的处理和对其行为的描述，体现了虚拟环境建模的特征。行为建模在创建模型的同时，不仅赋予模型外形、质感等表现特征，同时也赋予模型物理属性和“与生俱来”的行为与反应能力，并且服从一定的客观规律。

在行为建模中，其建模方法主要有基于数值插值的运动学方法与基于物理动力学的仿真方法。

运动学方法：运动学方法是指通过几何变换，如物体的平移和旋转等，来描述运动。在运动控制中，无需知道物体的物理属性。在关键帧动画中，运动是通过显示指定几何变换来实施的，首先设置几个关键帧用来区分关键的动作，其他动作根据各关键帧可通过内插等方法来完成。

关键帧动画概念来自传统的卡通片制作。在动画制作中，动画师设计卡通片中的关键画面，即关键帧，然后由助理动画师设计中间帧。在三维计算机动画中，计算机利用插值方法设计中间帧。另一种动画设计方法是样条驱动动画，由用户给定物体运动的轨迹样条。

由于运动学方法产生的运动是基于几何变换的，复杂场景的建模将显得比较困难。

动力学仿真方法：动力学仿真是运用物理定律而非几何变换来描述物体的运动。在该方法中，运动是通过物体的质量和惯性、力和力矩以及其他的物理作用计算出来的。这种方法的优点是对物体运动描述更精确、运动更自然。

动力学仿真能生成更复杂更逼真的运动，而且需要指定的参数较少，但是计算量很大，难以控制。

采用运动学动画与动力学仿真都可以模拟物体的运动行为，但各有其优点和局限性。运动学动画技术可以做到真实高效，但应用面不广，而动力学仿真技术利用真实规律精确描述物体的行为，比较注重物体间的相互作用，较适合物体间交互较多的环境建模。

第四节　虚拟现实中的三维虚拟声音技术

在虚拟现实系统中，听觉信息是仅次于视觉信息的第二传感通道，听觉通道给人的听觉系统提供声音显示，也是创建虚拟世界的一个重要组成部分。为了提供身临其境的感觉，听觉通道应该能使人感觉置身于立体的声场中，能识别声音的类型和强度，能判定声音的位置。在虚拟现实系统中加入与视觉并行的三维声音，一方面可以在很大程度上增强用户在虚拟世界中的沉浸感和交互性，另一方面可以减弱大脑对视觉的依赖性，降低沉浸感对视觉信息的要求，使用户能从视觉和听觉两个通道获得更多信息。

一、三维虚拟声音的概念与作用

三维虚拟声音与人们熟悉的立体声音有所不同。立体声虽然有左右声道之分，但就整体效果而言，立体声来自听者面前的某个平面，而三维虚拟声音则是来自围绕听者双耳的一个球形区域中的任何地方，即声音来自听者头的上方、后方或者前方。因而在虚拟场景中，能使用户准确地判断出声源的精确位置，符合人们在真实境界中听觉方式的声音系统称为三维虚拟声音。

在虚拟现实系统中，三维虚拟声音的作用有以下几点。

（1）声音是用户与虚拟环境的另一种交互方式，人们可以通过语音与虚拟世界进行双向交流，如语音识别和语音合成等。

（2）数据驱动的声音能传递对象的属性信息。

（3）增加空间信息，尤其是当空间超出了视觉范围的时候。借助于三维虚拟声音，可以衬托出视觉效果，使人们对虚拟体验的真实感增强，即使闭上眼睛也能知道声音是从哪个方向传来的。视觉和听觉一直作用，尤其是当空间超出了视觉范围之后，能充分显示信息内容，给用户更强烈的真实感受。

二、三维虚拟声音的特征

三维虚拟声音的特征主要包括全向三维定位特性和三维实时跟踪特性。

（一）全向三维定位特性

全向三维定位特性是指在三维虚拟环境中，把声音信号定位到虚拟声源的能力。它能使用户准确地判断出声源的精确位置，从而符合人们在真实世界中的听觉方式。

（二）三维实时跟踪特性

三维实时跟踪特性是指在三维虚拟环境中，实时跟踪虚拟声源的位置变化或虚拟影像变化的能力。当用户转动头部时，虚拟声源的位置也应随之变动，使用户能感到声源的位置并未发生变化。而当虚拟发声物体移动位置时，其声源位置也应有所改变。因为只有声音效果与实时变化的视觉相一致，才能产生视觉与听觉的叠加和同步效应。

举例说明，设想在虚拟房间中有一台正在播放节目的电视机，如果用户站在距离电视机较远的地方，则听到的声音也将较弱，但只要他逐渐走近电视机，就会感受到越来越大的声音效果；当用户面对电视机时，会感到声源来自正前方，而如果此时向左转动头部或到电视机右侧，就会感到声源处于自己的右侧。这就是三维虚拟声音的全向三维定位特性和三维实时跟踪特性。

三、语音识别与合成技术

与虚拟世界进行语音交互是虚拟现实系统中的一个高级目标。在虚拟现实系统中应用的语音技术主要包括语音识别技术和语音合成技术。

（一）语音识别技术

语音识别技术是指将人说话的语音信号转换为可被计算机程序识别的文字信息，从而识别说话人的语音指令以及文字内容的技术。

语音识别一般包括参数提取、参考模式建立、模式识别等过程。当用户通过话筒将声音输入系统后，系统就把它转换成数据文件，由语音识别软件以用户输入的声音样本与储存在系统中的声音样本进行对比，对比完成后，系统就会输入一个最“像”的声音样本序号，由此可以识别用户的声音是什么意思，进行执行相关的命令或操作。

现在以声音样本的建立为例进行说明。如果要识别 10 个字，那就要事先把这 10 个字的声音输入系统中，存为 10 个参考的样本，在识别时，只要把要测试的声音样本与事先存储在系统中的声音样本进行对比，找出与测试样本最像的样本。但在实际应用中，每个人的语音长度、音调、频率都不一样，甚至同一个人在不同的时间、状态下读相同的文字，其声音波形也不尽相同。在语言词库中有大量的中文文字、英文单词，在周围环境中有各种杂音，这些都会影响语音识别，所以建立识别率高的语音识别系统，是非常困难和复杂的，研究人员还在努力研究能进行语音识别的最好的办法。

（二）语音合成技术

语音合成技术是指用人工方法生成语音的技术，利用计算机合成的语音，要求清晰、可听懂、自然、具有表现力，使听话人能理解其意图并感知其情感。语音合成的方法主要有两种：录音—重放和文—语交换。

1. 录音—重放

首先要把模拟语音信号转换成数字序列，编码后暂存于存储设备中（录音），经解码，再重建声音信号（重放）。录音—重放可获得高质量的声音，并能保留特定人的音色，但需要很大的存储空间。

2. 文—语交换

这是一种声音产生技术，可用于语音合成和音乐合成，是语音合成技术的延伸，能把计算机内的文本转换成连续自然的语声流。若采用这种方法输出声音，应预先建立语音参数数据库、发音规则库等，要输出语音时，系统按需求先合成语音单元，再按语音学规则或语言学规则将这些单元连接成自然的语声流。

在虚拟现实系统中，采用语音合成技术可提高沉浸效果，当用户戴上头盔显示器后，主要从显示中获取图像信息，但几乎不能从显示中获取文字信息，这时，通过语音合成技术用声音读出命令及文字信息，可以弥补视觉信息的不足。

将语音合成技术和语音识别技术结合起来，就可以使用户与计算机所创建的虚拟环境进行简单的语音交流。

第五节 虚拟现实中的内容制作技术

虚拟现实技术产生后，很快就在军事演练、航空航天和工业设计等领域得到应用，人们开发了一些成功的应用系统。20 世纪 90 年代初，在巨大需求的拉动和应用部门的推动下，开始出现各种类型的虚拟现实软件开发工具，这些开发工具对降低 VR 系统开发门槛、提高开发效率起到了重要作用，推动了 VR 应用的发展。

一、虚拟现实的 Web 3D 技术

Web3D 一词出自 Web 3D 联盟，其前身是 VRML（虚拟现实建模语言）联盟。这是一个致力于研究和发展互联网虚拟现实技术的国际性的非营利组织，主要任

务是制定互联网 3D 图形标准与规范。Web 3D 技术是实现网页中虚拟现实的一种最新技术，Web 3D 作为一种正在普及的非沉浸式网络虚拟现实系统，在许多领域呈现出广泛的发展空间和应用前景。

Web 3D 也就是网络三维，该技术最早追溯到 20 世纪 90 年代中期的 VRML。1998 年，VRML 组织改名为“Web 3D 组织”，同时制定了一个新的标准 Extensible3D（X3D）。直至 2000 年春天，Web 3D 组织完成了 VRML 到 X3D 的转换。X3D 整合了发展中的 XML、Java、流技术等先进技术，同时也包括了更强大、更高效的 3D 计算能力、渲染质量和传输速度。与此同时，Web 3D 格式的竞争正在进行，如 Adobe Atmosphere 创建网络虚拟环境的专业开发解决方案，还有 Macromedia Director（多媒体制作软件）、Shockwave Studio（多媒体播放器）的解决方案。由于没有统一的标准，每种方案都使用了不同的格式及方法。Flash 能够如此的大行其道因为它是唯一的，Java 可以在不同平台上运行也因为它是唯一的。没有标准使 3D 在 Web 上的实现还有很长的路要走。

目前，走向实用化阶段的 Web 3D 的核心技术有基于 VRML、Java、XML、动画脚本以及流式传输的技术，为网络虚拟环境设计和虚拟现实开发提供了更为灵活的选择空间。由于采用了不同的技术内核，不同的实现技术也就有不同的原理、技术特征和应用特点。

几种常用 Web 3D 技术如下所述。

（1）Java3D 和 GL4Java（OpenGl For Java）

Java 3D 可以用于三维动画、三维游戏、机械 CAD（计算机辅助设计）等领域，同时也可以用来编写三维形体。但是同 VRML 不同之处在于，Java 3D 没有基本形体，不过我们可以利用 Java 3D 所带的 Utility 生成一些基本形体，如立方体、球、圆锥等，我们可以直接调用一些软件如 Alias、Lightware、3ds Max 生成的形体，也可以直接调用 VRML2.0 生成的形体。使用 Java 3D 可以和 VRML 一样，使形体带有颜色、贴图，同时也可以产生形体的运动、变化，动态地改变观测点的位置及视角，并且使其具有交互作用，如点击形体时会使程序发出一个信号从而产生一定的变化。总之 Java 3D 包含了 VRML2.0 所提供的所有功能，还具有 VRML 所没有的形体碰撞检查功能。应用具有强大功能的 Java 语言，编写出复杂的三维应用程序，是 Java 3D 的优势所在。

（2）Fluid3D

Fluid3D 并不是 Web 编写工具，它着眼于强化 3D 制作平台的性能。而最近发布的 Fluid3D 插件填补了市场的一个空白，尽管到目前为止它的应用范围还相当有限。由于高度压缩的 3D 图像的下载通常来讲相当耗时和麻烦，因此 Fluid3D 的主要功能为传输这种 3D 图像。它的运用使 Web 与 3D 技术的结合更切合实际，同时也为桌面用户提供更多乐趣。

（3）Cult3D

瑞典的 Cycore 原本是一家为 Adobe After Effect 和其他视频编辑软件开发效果插件的公司。为了开发一个运用于电子商务的软件，Cycore 动用了 50 多名工程师来开发流式三维技术——Cult3D。这种崭新的 3D 网络技术，可以在建立好的模型上增加互动效果，把图像质量高、速度快、交互的、实时的物体送到所有的因特网用户手上，开发者仅需创造出产品的压缩 3D 模型，并且很容易把交互功能、动画和声音加到模型上。技术上和 Viewpoint 相比，Cult3D 的内核是基于 Java，它可以嵌入 Java 类，利用 Java 来增强交互效果和功能扩展，但是对于 Viewpoint，它的 XML 构架能够和浏览器与数据库达到方便通信。Cult3D 的开发环境比 Viewpoint 人性化和条理化，开发效率也要高得多。

（4）Superscape VRT

Superscape VRT 是 Superscape 公司基于 Direct3D 开发的一个虚拟现实环境编程平台。它最重要的特点是引入了面向对象技术，结合当前流行的可视化编程界面。另外，它还具有很好的扩展性。用户通过 VRT 可以创建真正的交互式的 3D 世界，并通过浏览器在本地或 Internet（因特网）上进行浏览。

（5）Viewpoint(Metastream)

Viewpoint Experience Technology（VET，视点体验技术）的前身是由 Metacrcation 和 Intel（英特尔）开发的 Metastream 技术。2000 年夏天，Metastream 购买了 Viewpoint 公司并继承了 Viewpoint 的名字。Viewpoint Data Lab 是一家专业提供各种三维数字模型出售的厂商，之所以收购 Viewpoint，主要是利用 Viewpoint 的三维模型库和客户群来推广发展 Metastream 技术。它生成的文件格式非常小，三维多边形网格结构具有 scaleable（可伸缩）和 steaming（流传输）特性，使得它非常适合于在网络上传输。

VET（视点体验技术，也即 mts3.0）不但继承以上特点，而且实现了许多新的功能和突破，在结构上它分为两个部分，一个是储存三维数据和贴图数据的 mts 文件，一个是对场景参数和交互进行描述的基于 XML 的 mtx 文件。它具有一个纯软件的高质量实时渲染引擎，渲染效果接近真实而不需要任何的硬件加速设备。VET（视点体验技术）可以和用户发生交互操作，通过鼠标或浏览器事件引发一段动画或是一个状态的改变，从而动态地演示一个交互过程。VET 除了展示三维对象外，还犹如一个能容纳各种技术的包容器。它可以把全景图像作为场景的背景，把 flash 动画作为贴图使用。

二、OpenGL（开放式图形库）

OpenGL 的英文全称为 Open Graphics Library，即开放式图形库。它为程序开发人员提供了一个图形硬件接口，是一个功能强大、调用方便的底层 3D 图形函数库。OpenGL（开放式图形库）适用于从普通 PC 到大型图形工作站等各种计算机，并可以与各种主流操作系统兼容，从而成为占据主导地位的跨平台专业 3D 图形应用开发包，进而也成为该领域的行业标准。

（一）OpenGL 简介

OpenGL（开放式图形库）本身不是一种编程语言，它是计算机图形与硬件之间的一种软件接口。它包含了 700 多个函数，是一个三维空间的计算机图形和模型库，程序员可以利用这些函数来方便地构建三维物体模型，并实现相应的交互操作。SGI（硅图）公司在 1992 年 6 月发布 OpenGL1.0 版，后成为工业标准。虽然 OpenGL（开放式图形库）由 SGI（硅图）公司创立，但目前 OpenGL（开放式图形库）标准由 1992 年成立的 OpenGL（开放式图形库）系统结构审核委员会（OpenGL Architecture Review Board，ARB）以投票方式产生，并制成规范文档公布，各软硬件厂商据此开发自己的系统。ARB 每隔四年举行一次会议，对 OpenGL（开放式图形库）的规范进行改善和维护。2006 年，SGI（硅图）公司将 OpenGL（开放式图形库）标准的控制权移交给 Khronos（柯罗诺斯）小组。目前 Khronos（柯罗诺斯）小组负责对 OpenGL（开放式图形库）的发展和升级。

1. 图形加速卡

图形加速卡是决定一台图形工作站性能的主要因素。目前主要是丽台系列和ATI系列专用图形显卡。通常，图形卡的功能分为图形加速和帧缓冲两部分，形成从数据输入到输出至DAC的管道。管道的前部运算可以由系统的主CPU完成，为了提高性能，也可由专门的硬件完成；后部的帧缓冲通过RAM来实现，容量从几兆字节到几十兆字节。

2.CPU

CPU（中央处理器）也是决定图形工作站性能的主要因素。全新的英特尔NEHALEM架构，解放了主板北桥芯片，内存控制器直接通过QPI（公共系统接口）通道集成在CPU（中央处理器）上，彻底解决了前端总线带宽瓶颈，与桌面机相比其性能提升巨大。在南桥芯片上也有了很大的改进，显卡插槽换成了超带宽PCI-EX16第二代插槽。

3. 内存

内存的速度和容量是决定系统图形处理性能的重要因素，常见的3D图形应用通常都要占据大量的内存，这也成了制约工作站向中高端市场发展的一个因素。目前，工作站和服务器上已经使用了REG（注册表文件）内存，REG（注册表文件）内存带有ECC（纠错码）功能（错误检查纠正），又带有缓存功能，数据存取和纠错能力保证了工作站的性能和稳定性。

4. 系统I/O

最终决定一个图形工作站的性能高低并非上述这些孤立的要素，它们之间的数据传递和协同工作至为关键。系统I/O是各要素（CPU、内存、图形卡）间数据传递的通道。把图形加速卡插在专门的高速插槽上，而非一般的PCI插槽上，是解决系统性能瓶颈的重要手段。

5. 操作系统

操作系统也是一个不容忽视的因素，操作系统对于图形操作的优化以及3D图形应用对于操作系统的优化，都是影响最终性能的重要因素。作为世界标准的OpenGL（开放式图形库）提供2D和3D图形函数，包括建模、变换、着色、光照、平滑阴影以及高级特点，如纹理映射、nurbs、x混合等。使用64位的OpenGL（开放式图形库）库，并利用操作系统的64位寻址能力，可以大幅度提高OpenGL（开放式图形库）应用的性能。支持 4G 及以上内存和双屏以上显示的 WIN7-64 位系统，可以有效地发挥图形工作站的性能。

（二）OpenGL 的特点

OpenGL（开放式图形库）作为一个性能优越的图形应用程序设计界面（API），适用于广泛的计算机环境，OpenGL（开放式图形库）应用程序具有广泛的移植性。OpernGL（开放式图形库）已成为目前的三维图形开发标准，是从事三维图形开发工作的技术人员所必须掌握的开发工具。OpenGL（开放式图形库）应用领域十分宽广，如军事、电视广播、CAD（计算机辅助设计）/CAM/CAE、娱乐、艺术造型、医疗影像、虚拟世界等。

1. 工业标准

OARB（OpenGL Architecture Review Board）联合会管理 OpenGL（开放式图形库）技术规范的发展，OpenGL（开放式图形库）是业界唯一的真正开发的、跨平台的图形标准。

2. 可靠度高

利用 OpenGL（开放式图形库）技术开发的应用图形软件与硬件无关，只需硬件支持 OpenGL API 标准，OpenGL（开放式图形库）应用可以运行在支持 OpenGL API 标准的任何硬件上。

3. 可扩展性

OpenGL（开放式图形库）是低级的图形 API（应用程序编程的接口），它具有充分的可扩展性。OpenGL（开放式图形库）开发商在 OpenGL（开放式图形库）核心技术规范的基础上，增加了许多图形绘制功能。

4. 易用性

OpenGL（开放式图形库）的核心图形函数功能强大，带有很多可选参数，这使得源程序显得非常紧凑：OpenGL（开放式图形库）可以利用已有的其他格式的数据源进行三维物体建模，大大提高了软件开发效率；采用 OpenGL（开放式图形库）技术，开发人员几乎可以不用了解硬件的相关细节，便可以利用 OpenGL（开放式图形库）开发照片质量的图形应用程序。

（三）OpenGL 的主要功能

OpenGL（开放式图形库）作为一个性能优越的图形应用程序设计接口（API），它独立于硬件和窗口系统，在使用各种操作系统的计算机上都可用，并能在网络环境下以客户 / 服务器模式工作，是专业图形处理、科学计算等高端应用领域的标准图形库。在开发三维图形应用程序过程中 OpenGL（开放式图形库）具有以下功能。

1. 模型构建

OpenGL（开放式图形库）通过点、线和多边形等基本图元来绘制复杂的物体。为此，OpenGL（开放式图形库）中提供了丰富的基本图元绘制函数，从而可以方便地绘制三维物体。

2. 基本变换

OpenGL（开放式图形库）提供了一系列的基本坐标变换：模型变换、取景变换、投影变换以及视口变换等。在构建好三维物体模型后，模型变换能够使观察者在视点位置观察与视点相适应的三维物体模型；投影变换的类型决定了三维物体模型的观察方式，不同的投影变换得到的物体景象是不同的；视口变换则对模型的景象进行裁剪缩放，即决定整个三维模型在屏幕上的图像。

3. 光照处理

正如自然界中不可缺少光一样，要绘制具有真实感的三维物体就必须做相应的光照处理。OpenGL（开放式图形库）里提供了管理 4 种光（辐射光、环境光、镜面光和漫射光）的方法，此外还可以指定物体模型表面的反射特性。

4. 物体着色

OpenGL（开放式图形库）提供了两种模型着色模式，即 RGB（颜色系统）模式和颜色索引模式。在 RGB（颜色系统）模式中，颜色直接由 RGB（颜色系统）值来指定，而在颜色索引模式中颜色值则由颜色表中的一个颜色索引值来指定。

5. 纹理映射

在计算机图形学中，把包含颜色、透明度值、亮度等数据的矩形数组称为纹理。纹理映射也可理解为将纹理粘贴在三维物体模型的表面上，以使三维物体模型看上去更加逼真。OpenGL（开放式图形库）提供的一系列纹理映射函数，可使开发者十分方便地把真实图像贴到物体模型的表面上，从而可以在视口内绘制逼真的三维物体模型。

6. 动画效果

OpenGL（开放式图形库）能够实现出色的动画效果，它通过双缓存技术（Double Buffer）来实现，即在前台缓存中显示图像的同时，在后台缓存中绘制下一幅图像；当后台缓存绘制完成后，就显示出该图像，与此同时前台缓存开始绘制第三幅图像，如此循环往复，便可提高图像的输出速率。OpenGL（开放式图形库）提供了一些实现双缓存技术的函数。

7. 位图和图像处理

OpenGL（开放式图形库）提供了专门函数来实现对位图和图像的操作。

8. 反走样

在 OpenGL（开放式图形库）图形绘制过程中，由于使用的是位图，因此绘制出的图像的边缘会出现锯齿形状，这样为走样。为此，OpenGL（开放式图形库）中还提供了点、线、多边形的反走样技术。

三、虚拟现实可视化开发平台

虚拟现实可视化开发平台是在虚拟现实引擎的基础上，通过图形用户界面可视化定制和编辑实现大部分常规功能的 VR 应用系统，有效地降低了应用开发的技术门槛和要求，许多虚拟现实引擎都不同程度地增强了可视化开发的功能。

（一）EON Studio

EON Reality（奕恩现实）公司总部位于美国硅谷，是世界知名的 VR/AR 技术解决方案提供商。从桌面网络型虚拟现实到支持数据手套、头盔的洞穴型 VR 都有独到的解决方案。EON Studio（3D 虚拟现实工具）是一种依据图形使用接口，用来研发实时 3D 多媒体应用程序的工具，主要应用在电子商务、网络营销、数字学习、教育训练与建筑设计等领域。

EON Studio（3D 虚拟现实工具）软件主要分成以下几个模块：仿真树，即整个场景节点结构图；每个场景节点的相应属性面板；节点模板库，提供所支持的所有节点类型；原始节点类型，提供大量的内置模板供用户直接使用；本地节点类型统计；交互设计窗口，通过拖拉关系线直接完成；节点交互的相应路径设置与设计；场景的层结构设计；脚本编辑模块；场景仿真模拟预览窗口；软件使用的日志记录等。

（二）Virtools

Virtools（虚拟现实制作软件）是一套具备丰富互动行为模块的实时3D环境编辑软件，可以将现有常用的文件格式整合在一起，如3D模型、2D图形或音效等，这使得用户能够快速地熟悉各种功能，包括从简单的变形到复杂的力学功能等。

Virtools（虚拟现实制作软件）主要的应用领域在游戏方面，包括冒险类游戏、射击类游戏、模拟游戏、多角色游戏等。Virtools（虚拟现实制作软件）为开发人员提供针对不同游戏开发的各类应用程序接口（Application Programming Interface，API），包括PC、Xbox、Xbox360、PSP、PS2、PS3及Nintendo Wii。

Virtools（虚拟现实制作软件）可制作具有沉浸感的虚拟环境，它对参与者生成诸如视觉、听觉、触觉、味觉等各种感官信息，给参与者一种身临其境的感觉。因此是一种新发展的、具有新含义的人机交互系统。

第五章 虚拟现实技术的实际应用与分析研究

本章主要内容为虚拟现实技术的实际应用与分析研究，使用两节内容进行介绍，分别为虚拟现实技术在各行业的应用、虚拟现实技术的发展前景。

第一节 虚拟现实技术在各行业的应用

一、工程领域的应用

在经济社会的繁荣发展和文化观念的更新迭代中，人们的消费理念发生着日新月异的变化，从生产到销售，再到具体性能、款式外观、应用领域，许多消费者对现代商品提出了极其详细甚至苛刻的要求。传统的大批量生产制作出的是加工程度较为粗糙的产品，这些产品如今已经无法满足人们日益增长的商品规格化愿望了。出于满足个性化需求、开拓消费市场的考虑，越来越多的生产商和销售方倾向于采用小批量、多规格的生产模式。在设计与生产手段的灵活性程度方面，这种模式对工厂给出了一系列很高的标准，因为它要求在同一生产线上生产型号各异的商品。

基于虚拟现实技术支持，人们能够更加精准高效地设计产品，最终给出质量更高、适用性更优秀的生产方案，因为虚拟现实技术的主要优势在于其沉浸感和交互性，这些特点都可以有效地协助产品设计的进程。以汽车工程设计为例，合格汽车的形状构造必须符合生产安全和交通安全标准、人体工程学、寿命内维护以及装配等方面的要求，之后才是节能、雅观等考虑，所以，工程师在着手设计并制造一个新式汽车模型时，要将包括生产工艺、用时以及成本等在内的各方面的条件均纳入设计范畴，考虑这些要素彼此之间的相互制约作用。在传统的生产过程中，这些程序是用CAD（计算机辅助设计）技术来完成的，但是，通过应用虚拟现实技术，人们完全可以取得比CAD更好的效果，更契合地适应前述要求，与这些条件类似的要素都可以在设计过程中加以集成分析。具体来说，虚拟现实推算能够准确地计算验证设计概念需要耗费的模型总数，从而避免不必要的资源浪费；虚拟仿真系统能够还原现实中的产品应用环境，帮助工程师验证假设成立与否，压缩制模时间，节约试验和生产费用，另外还能够有效满足规格化、多样化之类的产品生产标准。

虚拟现实已经打开了通往虚拟工程空间的大门，在该空间中产品可以被加工、检验、装配测试并且进行各种模拟仿真。由于硬件和软件工具还在发展之中，虚拟现实的巨大潜力还不能充分体现，然而一些特殊工业的研究人员正努力开发自己的系统，下面是一些具体示例。

（一）航空发动机设计中的应用

设计一台航空发动机需要多年时间，它的生命周期约为几十年。发动机要被设计成运行时能抵御巨大的外力，并且能够在各种气候和极大的温差以及各种大气环境下正常工作。为了安全起见，发动机要定期从飞行器上卸下，进行维修和更换。这些操作程序通常较为烦琐。

尽管航空发动机是用最新的CAD（计算机辅助设计）系统设计的，但是实际模型仍然需要大量的试验和维修。1994年，麦道公司拥有了一套ProVison100VPX系统，并用其评估沉浸环境如何有助于发动机的设计。最初该系统用来开发安装和拆卸发动机过程，还用于检测与其他部件之间的潜在冲突。

从飞行器上拆卸发动机是一个复杂的过程，但是可以利用虚拟环境来模拟。在虚拟环境中工程师打开发动机挡板，把拖车放在发动机架下，将其移动到适当的高度。用虚拟工具拧去发动机与集体的固定螺栓。发动机就被放置在拖车上运走并进行修理。安装过程则是类似过程的相反操作。当发动机被拆下后，就可以检查虚拟发动机并判断哪个部件要维修和拆除。在此过程中，碰撞检测是一种十分有效的技术，它可以用来发现某种工具是否能到达发动机的特定部位，并发现部件的拆除是否容易。

使用虚拟现实系统的实际意义在于减少模型的制造，进行早期测试实验，缩减成本。

Rolls-Royce（罗尔斯·罗伊斯）公司使用 CAD（计算机辅助设计）DS4X 系统设计产品，如他们的 Trent（特伦特）型航空发动机。在开始大量生产前，他们也依靠实际模型去评估维修问题，尽管这些模型并不真正运行，但建造这些模型仍然要求有很好的可靠性和很高的准确度，因此造价十分昂贵。后来 Rolls-Royce（罗尔斯·罗伊斯）与 Insys 合作来研究能否利用虚拟现实技术去代替建造实体模型的需要。

可行性研究的第一步是把 Trent 800（特伦特 800）内部的发动机的 CAD（计算机辅助设计）DS4X 文件转移到 ARRL 的虚拟现实平台上。由于 CAD（计算机辅助设计）DS4X 的实体造型的性质，这项工作并不太复杂。通过使用 CAD（计算机辅助设计）DS4X 的立体——平面图形处理部分，使用简单的多边形消隐就可将 Trent（特伦特）型发动机的第 1 个气门与较低的气管装配起来，因此这项工作取得了成功。目前的工作正致力于开发出更有效和更强大的 CAD（计算机辅助设计）DS 数据转换途径。

另外，该项目已经开发了一系列的多边形优化程序来提高虚拟模型的飞行速度，还完成了管理各个通道的附属程序，并把通道按不同的实体分组。因此允许具体的切换、消隐以及工程人员的操作。可行性研究极其成功地肯定了虚拟现实系统的作用。

（二）潜水艇设计中的应用

VSEL 公司专门进行潜水艇的设计和改装规划，并使用物理模型研究维修和人体工程学方面的问题。对于 Trident 型核潜艇，尽管模型只有真实潜水艇的 1/5 大小，但是模型仍保持着真实的结构，可使用虚拟人模型去模拟真人如何在潜水艇所限制的空间内工作。

与 Rolls-Royce（罗尔斯·罗伊斯）一样，VSEL（维克斯造船与工程有限公司）也与 ARRL（美国无线电中继联盟）合作进行可行性研究，看看能否用虚拟现实技术取代实际模型。整个项目包括头盔显示器、快速手和头部跟踪器以及数据手套控制器。

在虚拟潜艇中漫游不同于在真实环境中运动，在缺少扩展的三维跟踪系统的情况下，采用了“车载升降台”的概念，构成了虚拟升降机用来接送用户出入潜水艇。尽管这种方法不能用于实际，但对于可行性研究而言还是可以的。当进入环境时，简单的虚拟控制板会进入用户的视线，控制板安装在车载升降台移动板的前端。通过触动控制板开关，用户可在虚拟环境中相对移动。另外还可向用户提供不同层次的控制管理。

使用虚拟工具拧开螺旋和托架装置的工作已在研究之中。这样可以不受管道的几何限制，并允许进一步的手工操作。在选定的管道自由移动过程中，与周围管道的集合限制并允许进一步的手工操作。在选定的管道自由移动过程中，与周围管道的碰撞检测实时进行，使用室内碰撞预测处理器可以大大减少碰撞检测的计算量。

尽管浸入式的畅游对于观察潜水艇内部十分有价值，但到目前为止，描述几何形状是利用视频投影仪所进行的立体投影，VSEL 使用这种技术进行小组检查和技术会议，当需要更多的细节来检测操作是否满足标准，或当要证实模型是否需要进行优化时，才由浸入式系统来完成。

（三）建筑设计中的应用

1.CAD（计算机辅助设计）系统

建筑设计是计算机的基本应用领域，即使在 CAD（计算机辅助设计）的早期，软件只能处理二维正视图时，所获得的利益也是十分可观的。在主要建筑过程中，CAD（计算机辅助设计）系统都扮演着重要角色。它为建筑师提供计划、剖面图、正视图、框架透视图及彩色的内部和外部直观图。除了计算机图形学所带来的明显好处外，计算机系统还引入了综合数据库、数据交换和调度工具的概念，所有这些都处于多用户交互环境中。

式样、功能和空间的结合决定了建筑项目的成功设计。除了计算机外，建筑师也喜欢现代建筑材料的优点，如塑料、玻璃纤维、钢、铝、合成材料和钢筋混凝土等。这些可以为建筑师探索新的建筑风格，如悬挂天花板、悬臂结构和给人印象深刻的玻璃门廊等。

建筑师也一直对建筑的内部空间感兴趣，并探索新的支撑结构以利于装饰空间，在没有使用计算机之前，建筑师所能依靠的工具就是徒手素描和透视图。现在大多数 CAD（计算机辅助设计）系统都能提供复杂的视图和与建筑工程相关数据的可视化。

2. 虚拟现实系统

既然建筑师习惯用交互式工作站工作，那么虚拟现实技术使他们更接近他们的设计。浸入式显示将提供更加准确的方法来评估他们的设计成功与否，设计师可以实时走入他们的建筑而且在建筑物的构想设计阶段就可以掌握所要构思的建筑的基本情况。

3. 照明

在完善建筑物内部的美观上，光照起着极其重要的作用。建筑师的一项艰巨任务就是预测墙壁、天花板、工作间地面的照明度。在做这些预测时，建筑物的方向、窗户的排列、外部玻璃及照明设备都要加以考虑。

一直为建筑师所用的射线法，是现在计算机图形学中为人所熟知的全局照明模型。即使对建筑物内部描绘生成每一幅图像需要许多时间，现代算法也可将射线法应用于实时领域。能够漫游复杂的内部结构并能预先计算射线强度的虚拟现实系统已经存在。ATMA 描绘系统中的真实光处理软件系统很容易地被结合到虚拟现实系统中来，该系统是以射线法为基础的。

最后，漫游虚拟环境、调整内部各光源的位置及光强都是可以做到的，还可以进一步去设想创造一个虚拟光照测量仪来测量新的照明情况。

4. 声学

建筑物的声学性质也是很难预测的，建筑师通常向这方面的专家请教。他们凭借经验和各种数学工具来确定一个演出大会的声音反射次数、衰减情况及如何利用音响设备来平衡声音的分布等。

音频信号可以经过处理产生双声道。当与虚拟现实系统结合时，能把这些声音同可见的虚拟环境联系起来。而且，声音的处理算法可以模拟因声音的反射效果而引起的振动，甚至模拟建筑材料对房间造成的隔音效果等。

MEW 研究了使用大型显示屏使 30 名观众沉浸在一所房子里的情况。该房子有几间房间均可以实时漫游。房间环境提供了有关灯光、通风、声学的精确数据。通过墙、门和窗户的声音滤波模型设计模拟声音在空气中的传播。

5. 超市设计

创建于 1884 年的 CWS 是英国的主要商品公司，作为食品和其他零售物品的主要零售商，它一直致力于超市的设计和设计新的内部布局。这种工作成本很高，产品必须摆放在显著的位置上，由于有成千上万种可供选择的商品，每种布局必须确保能使客户对所有的商品一目了然。

当零售利润低、竞争激烈时，像虚拟现实这样的新技术的应用是保持利润并获得商业成功的关键因素。正如CWS所做的那样，为了评估虚拟现实的潜力，CWS与ARRL合作完成了一套系统，用于展示超市的内部及货架的布局。这个系统获得了成功，并且为管理者、顾客和空间布局的设计者完成其各自的任务提供了有机协调的统一。

另一个系统是为CWS公司及其连锁店所开发的。在最初的版本中，初始几何数据库和层次关系的行为通过Superscape’s VRT系统实现。同CWS的各级销售经理协商后，对模型进行了不断改进，直到风格、式样、大小和布局等细节均令人满意为止。然后将其模型移植到Division’s DVS系统上，在一台SGI Onys计算机上实现。

InsysCWS是英国的主要商品公司开发的用于评估包括几何信息和纹理信息的数据库，它的代码是以国际标准化代码UPC为基础的，并且已经应用在现有的工业上。在所开发的系统中，每个商品的商标都有独立的纹理信息（由数字化图像或分类图形生成）。要有效地描述每种商品大约有20个条形码就够了。零售业中所用到的物体几何形状都是小范围的，如立方体、瓶子、圆筒、袋子等。这些几何上的局限性使得在不同的平台和软件体系结构间进行移植变得容易了，并促进了系统间进行实时交互的能力，如零售管理和商品替换等。

（四）人体建模方面的应用

1.Jack（杰克）

人物形象一直是计算机动画中极有吸引力的领域，但是建模很困难，要进一步使其具有现实生活中的生动形象就更困难了。自从20世纪80年代以来，动画专家一直把这些问题作为令人感兴趣的挑战性课题。目前的问题是开发一个交互环境，在交互环境中利用一个关键人物去评估虚拟的三维世界。Jack（杰克）可能是目前比较著名的系统，它是由宾夕法亚大学计算机图形学研究中心开发研制的。

2. 物理属性

Jack（杰克）是一个含有68个关节的三维虚拟人物，每只手有16个关节，躯干按照真人的比例进行分配与建构，并能够在真人的运动限制内移动。在预先规定的限制内，通过平移和旋转确定关节的位置。肢体部分有重心和转动惯量等物理属性，有了这些属性，模型可以动态地模拟变速情况下的行为。除了这些强有力的动态特征，Jack（杰克）的人体模型可基于特定的个人、男性或女性。人体特征的内部数据库是从统计中得出的。

3. 逆运动学

Jack（杰克）是利用逆运动学原理运动的，并且具有各种运动反应能力，如保持平衡的同时伸手抓取物体、指引前进方向和重新调整姿态等。如果让它去前倾抓取一个物体，它将调整中心来自动维持平衡。

当抓取一个物体时，使用碰撞检测避免 Jack（杰克）的手穿透被抓的物体。当它的手转方向盘时，整个身体将调整以适应方向盘的新方向。

4. 人体工程学

当 Jack（杰克）位于虚拟环境中时，就可以研究人体的各种状态，如所能触及的空间、视野、关节转矩负载及碰撞等。通过这些可以发现人体的运动机理、控制范围以及是否有不适的感觉等，同时又能了解关节和手的实际负载，并在进行虚拟练习时对潜在的超载外力和转矩监控。

5. 避免碰撞

Jack（杰克）具有避免碰撞的能力，它能自动移开以避免与运动的物体相撞。例如，如果将一个球抛向 Jack 的头部，它会自动躲闪。Jack（杰克）还能在某些环境下行走而避免碰到障碍物，如墙、家具等。甚至能赋予它“虚拟视觉”，能够看到隐藏在墙后的物体，这是通过“力场”来实现的，即隐藏的物体发出引力而障碍物体发出斥力。

可以想象出许多方案，用 Jack（杰克）来估价未来人类所使用装置的实用性或复杂机械结构的实用性。这些环境包括飞机座舱、汽车、厨房、航空发动机、轮船、飞行器和军用车辆的设计。实际上人体工程学在任何地方都是很重要的。

最后，Jack（杰克）作为一个虚拟士兵用来评估和训练在各种战斗任务中的军事人员。当投影在大屏幕上时，Jack 能实时模仿操纵各种武器的行为，真正的士兵能够同 Jack（杰克）一起训练以提高战斗技能。

也许不久就会有虚拟助手帮助我们从事广泛的实验，可以在虚拟人的帮助下装配设备，甚至可以利用一组 Jack（杰克）来帮助我们解决问题。

（五）工业概念设计中的应用

近 100 年来汽车工业发展迅速，各大汽车公司采取了不同的发展战略。在早期，美国的福特公司的一项策略就是大规模生产一种型号的同一颜色的汽车。今天的汽车工业以能向顾客提供他们所想要的产品而自豪，顾客都可以指定座垫、合金车轮、CD 机的类型。

提供这些灵活性要有复杂的系统支持，而且如果要制造流线型的车身就要不断评估设计方案，而计算机正好能满足上述的两种要求，因此就有人考虑用虚拟现实技术来进行上述工作。

有多种技术被用来进行可视化概念设计，从画家的设想及比例模型到实际的工作模型。虚拟现实提供了一套方法，尽管它也需要建模，但它确实不再需要实体表示。

英国考文垂大学计算机辅助工业和信息设计中心的研究人员致力于开发用于工业概念设计和评估的授入式虚拟现实系统。这个合作项目用于研究设计人员如何与虚拟汽车交互、怎样评估这种设计的正确性、装配的难易程度以及可维护性。在项目的后期，研究小组希望用虚拟现实系统检查装备的情况以及连接部件，用虚拟现实系统进行早期实验，以提高设计质量和效率。

（六）虚拟空间辅助决策系统中的应用

下面介绍虚拟空间辅助决策系统（VSDSS）及其应用。

众所周知，对象问题越趋向非结构化、复杂化，现实世界和虚拟世界的界面差距就越大。首先是模型界面差距，它表示虚拟空间辅助决策系统（VSDSS）系统内部的模型库和用户知识层次上的差距，当对象系统规模越大，这种美距越大；其次是方法界面的差距，这种差距产生于以模型为基础进行分析、仿真和最优化的时候，特别适用数字模型描述对象问题时，数学解与用户思考结果之间会产生差距，其代表词是“键盘过敏”。当系统的操作性差、操作系统复杂且响应性不好时，即使模型界面差距和方法界面差距都解决了，系统也运行不起来。

虚拟空间辅助决策系统（VSDSS）是为了解决这三种界面差距而应用虚拟中技术，使用户在虚拟空间中根据自己的感觉进行决策的系统。在虚拟空间中，使用虚拟控制台、虚拟按键、虚拟窗口等可以实现在现实空间中不可能实现的界面系统。

下面举例说明虚拟空间辅助决策系统（VSDSS）在厨房模拟体验系统中的应用。为了确保生产出来的产品符合不同用户的需求，有必要让用户在产品的设计阶段就能检验产品的性能，以便随时修改设计方案，可利用虚拟现实技术实现用户在虚拟空间对厨房系统进行性能评估和模拟体验的 VSDS 系统。设计者先根据用户的要求设计厨房大致框架，据此用 CAD（计算机辅助设计）系统画出平面图、立体图，并列出费用清单。然后让用户在模拟体验系统中体验已设计出的厨房的方便程度。该系统具有以下模拟体验功能。

（1）可以体验与厨房设计所对应的虚拟空间中各部分的分配、空间的高度感、前后的延伸感等。

（2）体验厨房门的开关、水龙头的操作以及在橱柜内放置物体的情况。

应用此系统，可以使用户在厨房制造之前，检验设计的合理性，然后根据用户的要求设计生产。

通过在虚拟空间对虚拟产品的性能进行评价，用户可以根据自己的要求决定产品的性能。通过这个例子我们可以看到，根据用户的虚拟体验来决定可生产产品的辅助决策系统，对未来的生产销售十分有效，该系统是完全能实现的。

二、艺术与娱乐领域的应用

一种游戏的成功与否与其在特定时间内的利润有关。图像的后面隐藏的是游戏的魅力，它使得玩家想一遍又一遍地玩以获得更高的分数。在这种情况下，玩家浸入游戏中，游戏店的老板也就获得较丰厚的利润。如果游戏的生命周期超过一年，那么它所带来的收益就远远超过最初开发游戏时的成本。

设计这些游戏是一项高技术产业，并且需要了解玩家的典型心理活动。技术也不一定十分复杂，因为一些非常有趣的竞赛游戏只使用了简单的图形学知识，即使如此，玩家们也一而再，再而三地投入游戏中。

对第一次玩游戏的玩家来说游戏必须直观，混乱的屏幕布置或复杂的控制会受到玩家的厌烦，这种游戏势必不会流行起来。

在反对金钱、噪声、刺激、诱惑的背景下，虚拟现实的出现也对该产业提出了一个新的问题。游戏机店主必须考虑如下的问题：如何将比较昂贵的头盔显示器引入实际环境中？什么样的游戏能成功？什么样的游戏策略能吸引玩家？什么样的游戏对健康不利？观众喜欢什么样的浸入经历？哪一种顾客是能常常光顾的？最重要的问题是：要经过多长时间系统才能获利？

这些都是自20世纪90年代技术革命开始以来所面临的真实问题。今天许多问题都已找到答案。游戏和虚拟现实技术都已取得了相当大的进步。许多人相信娱乐一定会成为虚拟现实的巨大市场。但如同其他应用一样，该市场不可能在一夜之间完成，它还需要依赖其他技术的进步和消费能力的增强。

值得注意的是随着单用户系统的发展，浸入式虚拟现实系统——运动影院，可以给娱乐的人群提供一个可选择的景观。尽管系统很大，初始成本也很高，但其容量却达到了每小时几百人。传统上，这些仿真旅行是被动式的，每组人都有相同的经历。目前，已经存在交互方式的旅行，每个人都能实时地与计算机图形进行交互。

未来的发展令人振奋，虚拟现实技术将继续模拟新的游戏形式，单用户和网络用户将同其他人竞赛，同时复杂的运动影院也将提供可选择的经历。

（一）计算机动画设计中的应用

在过去的一段时间里，动画制作者使用计算机图形技术再现历史事件，描述现代生活，把我们带入未来的太空城市里。这些富有想象力的故事开拓了计算机图形学的前沿领域，并促进了环境建模和物体动画新算法的生成。这也对虚拟现实系统的发展起了重要作用，也同时说明了虚拟物体和景物的价值，因为它们能存储在计算机系统中。

但我们必须仔细区分计算机动画和虚拟现实的不同。计算机动画以帧序列为基础，必须依赖视频和电影帧，以适当的速度播放，才能生成所期望的动画。而虚拟现实是一个实时环境，动态是这个过程的基本特征，许多行为与计算机动画中的物体有关，如走路、面部表情、弹跳的球、下落的物体和大海的状态等都是复杂过程的综合结果，都需仔细调整每帧的参数，几个星期甚至几个月时间创造的动画序列，仅仅能播放1min左右。

如果每帧的描绘生成用时为10min，那么这与实时描绘生成所用时间比为15000：1，这并不说明虚拟现实技术无法使用计算机动画，相反虚拟现实将对计算机动画的未来产生深远的影响。

例如，考虑使三维卡通人物具有类似人的行为，如往返走、手势、面部表情等。这些行为必须与声音的录制同步制作。过去采用非虚拟现实技术来解决这些问题，包括走或跑的逆运动学、为面部表情建立的肌肉模型和自由形体变形等，尽管这些方法是很有吸引力的研究项目，但它们并没有产生可供动画界使用的直观工具集。而虚拟现实方法与传统的软件过程不同，它直接把动画制作者与实时的虚拟领域相融合。例如，一个交互式手套的输出通道可用来实时控制三维多边形模型的某些部分，这样可以反复练习运动过程直到产生满意的运动形象为止，然后成功的运动参数被存储到动画系统中并与动画脚本的其他部分相结合。

通过使用跟踪器监视人体特定关节运动，可使一个虚拟人具有非常贴近真实生活的行为，可以进行走步或跳舞，也可以模拟其他的运动，这一切仅仅受人体模型的限制。跟踪器所得到的数据可以进一步利用软件来修改，如缩短、加长、引入、中断、强调、反转或编辑成其他次序。

Adaptive Optics Associates（自适应光学协会）开发了多跟踪器实时运动捕获系统。它使用近红外 CCD 照相机检测运动，两台相机监视动画人物并输出二维坐标信息给计算机，从这些数据中可以计算出动画人物的三维坐标。这些数据以 30Hz 的频率输出，可以很容易地控制虚拟人物的运动，这意味着计算机动画可以与传统的视频图像相结合。

在面部表情方面，国外的有关专家通过视频信号提取面部控制参数。其方法是用视频摄像机监视目标，利用这些图像决定头部的运动和嘴的变形，以此来生成一些虚拟克隆人的动画。可采取面部以弹性网来表现，每块肌肉用力来控制建模，通过解特定系统的动力学方程计算出肌肉的变形。肌肉的变形要预先计算出来以便能够使系统具有实时显示的能力，最后在面部的多边形表示中映射面部的纹理特性。

（二）游戏系统中的应用

1.Cyber Tron（塞伯坦）

它是由 Stray Light 公司出品的浸入型虚拟现实游戏。游戏者佩戴头盔显示器，站在一个陀螺装置中，该装置可根据用户身体的重量或惯性运动，游戏者面对聪明的虚拟对手，要通过一道道障碍、隧道和迷宫，收集财宝解决难题。硬件平台是 SGI，并且 Cyber Tron（塞伯坦）还可以通过联网以支持多个游戏者参加游戏。

2. 佩戴头盔的剧院

Stray Light 公司设计了一座 26 个座位的浸入式剧院，并为每位观众配备了高分辨力的头盔显示器。剧院是为 Cable Tron（塞伯坦）建造的，作为其互联网世界贸易显示厅的一部分。剧院每小时可接纳 300 多人，并为头盔显示器加入了保健装置。

3. 虚拟娱乐有限公司

该公司率先开发了虚拟现实游戏系统，如今在世界上的大多数地区均可买到他们的产品。

虚拟现实游戏包括 X-treme（极致）撞击、虚拟拳击和区域猎手。这些都是三维浸入式游戏，具有纹理图形和 32 声道立体声设备。X-treme（极致）撞击是游戏者置身于星际大战之中，虚拟拳击是可供一个人或两个人玩的拳击比赛游戏，区域猎手是未来与时间竞赛的游戏。

（三）电视方面的应用

电视行业使用木头和帆布等材料建造“虚拟”世界已有多年历史，通过绘画和照明，假景替代真实的东西已为人们所接受。但同真实东西一样，它们也需要相当大的存储空间，飞行仿真行业也遇到类似的问题，在生产和存储可视系统所用的比例模型方面，这个问题比较突出。如今这种模型已不再使用，现代飞行仿真器完全依赖虚拟环境。

多年来电视节目制作者采用数字视频效果（DVE）合成装置把不同的视频图像合成一幅图像。色度键和蓝色背景在图像合成方面起着重要作用，特别是在新闻和现场报道节目中。尽管蓝色优先，但数字色度键可使用任何颜色。近几年来，实时计算机图形学已被用来展示新闻事件。例如，地面车辆和飞机都是用三维动画设计的，并且这方面的技术发展很快。

1. 实时计算机动画

法国的媒体实验室开发了一项技术，这项技术使计算机卡通人物通过实时传输由木偶操纵者驱动。操纵者带有各种传感器，像跟踪系统一样，可用来修改三维计算机模型。英国广播公司（BBC）电视台在自己的节目中使用了类似的系统，猫的头部在现场表演时可实时生成动画。

2. 虚拟装置

在电视节目中使用虚拟装置并不是新技术，但在以前这些装置大多是实际演员所活动的二维背景。多层次技术使用中间二维视频场景来构造深度信息从而屏蔽演员。这些技术在卡通行业已使用了多年。

目前取得的重大进展是利用电视摄像机的移动和转移把虚拟物体与实际景物相结合起来。INA（依纳）公司已经演示了这种系统。为了理解这一过程，可以想象一台电视摄像机安放于只有墙和柱的简单场景中。在虚拟层次上建造上述装置的复制品，并为摄像机建模。如果虚拟摄像机具有与真实摄像机透镜相同的光学特征，那么任何计算机所产生的图像都应与用真实摄像机所摄的图像匹配。如果以三维方式追踪真实摄像机，那么它的运动和方向可用来控制虚拟摄像机。如果在虚拟世界中生成一个物体的动画，如飞机，由于具有精确的重叠，那么真实的物体和来自摄像机的虚拟图像可叠加在一起。在虚拟层次上的掩蔽会导致虚拟物体被任何真实的物体所屏蔽，只要现在世界中存在那个物体。

这项开拓性工作为虚拟与真实的三维世界实时结合的各项技术奠定了基础。例如，Mona Lisa（蒙娜丽莎）项目就是为电视使用虚拟装置研究所需要的工具。

电视产业的分支非常庞大，而这些将对装置构造的整个过程起到革命性作用，尽管很难想象利用虚拟装置取代所有实际装置，但无疑虚拟装置将在电视产业中起着重要角色。

3. 电视节目的训练与演排环境

由于电视节目演排的原因，经常需要建造实际运作环境的仿制品，或者是潜艇、坦克，或者是交通指挥塔。为完成影像制作就必须建造潜艇、坦克和指挥塔的外观图像，在虚拟层次上进行模拟。把这些技术应用到电视广播中，表明可以使用虚拟演播室彩排和训练演员，而不必依赖真实的演播室。

演排环境的中心是虚拟演播室，配有地面、桌子、椅子、楼梯等，其他演播室的物品有摄像机、灯光、升降机、监视器和传声器（俗称麦克风），这些组成了演排环境。使用交互式虚拟现实工具，一个演播室可以配置成一个典型的制作环境。

实时图形生成工具从使用一台虚拟灯光照明的虚拟摄像机视点出发，描绘生成虚拟演播室的情景。虚拟演播室可用来估计摄像机的运动，包括跟踪、拍摄和放大、考察照明策略等，还可以考虑用虚拟演员表现人的行为。这给演排摄像机提供了定位、调整镜头、画面的弹入和弹出等方面的方便。

三、科学领域的应用

科学可视化是计算机图形学中的重要研究方向，它把各种类型的数据换成图像。例如，航空发动机涡轮叶片一般采用FEA仿真，它采用假色来进行压力的可视化。实际上，这些工具是现代CAD（计算机辅助设计）系统的基本组成部分。科学可视化拥有这种技术，包括寻找由计算机仿真生成的复杂多维数据集的能力。

科学可视化来自绘图学、遥感、考古学、分子建模、医学、海洋地理等方面的二维或三维数据集生成的静态图像或动画。只有通过发展强有力的图形工作站，图像才能实时生成。在仿真练习过程中，当一个参数改变时，图像会立即做出反应。由用户、仿真软件和可视软件包所构成的闭环提供了有效的解决途径。

如果用户通过浸入式虚拟现实技术与图像交互，那么会获得更大的收获。因为置身于虚拟领域意味着用户的行为可以被解释为三维事件，而不是基于屏幕显示设备的光标移动。虚拟现实的可视化软件工具正处于开发之中，某些会与其他学科交叉重叠，如医学图像。而对于另外一些，则会成为虚拟过程的一部分。

任何计算机用户无疑都认可实时交互系统的好处，而延迟则是无益的，因为它破坏了交互的流畅。真正的实时虚拟现实系统使用户成为计算过程的自然组成部分，不是被动的观察者，而是能交互地修改参数、观察行为结果的人。

如果用仿真模型开发这种理想的方案，就能构造一个可以进行仿真、观察和测试的强有力环境。这一切均发生在一个过程中，将用户置于虚拟领域，不是为了使这种体验更有趣，而是提供一个揭示新知识、新关系以及新模式的视点。

未来的虚拟现实可视化工具会改变我们处理和加工数据的方法，无论数据是来自实验仪器，如X-射线机、工程测试机、风洞，还是来自实时数据，如空间探索、遥感等，可以采集或仿真数据集的一部分，可以对至今还未引起注意的事件做出反应，这些将提高我们对自然和人工过程的理解。

（一）计算机神经科学中的应用

计算机神经科学用单个神经元和神经网模型揭示神经系统如何工作。在这一过程中，可视化起了重要作用。美国伊利诺伊大学正在将虚拟现实作为一种合适的工具加以研究。

研究小组选择了非浸入式系统，因为长期使用头盔显示器会带来许多不便。他们的系统基本上是一个“鱼箱”虚拟现实系统。将立体图形显示在工作站上，用 Logitech（罗技）超声波跟踪器跟踪用户头部，立体眼镜配有合成的红外发射器，能产生立体图像。

软件环境是在 Caltech 基础上开发的 GENESIS（Gneneral Neural Simulation System）系统。GENESIS 是作为研究工具开发的，它提供了一个标准而灵活的方式构造生物神经系统，从亚细胞元到整个细胞和细胞网络。

项目包括淡水鱼电场的可视化、大脑皮层仿直的可视化，以及小脑浦肯野细胞皮层中复杂信号的可视化。

1. 电场的可视化

在淡水鱼项目中，虚拟现实系统用来了解鱼如何利用电器管所放电量的相位和幅度信息进行电定位和通信。在现实生活中，当鱼游经一个物体时，物体扰乱了当前电流的分布，因此将一幅“图像”投射到鱼表面，这可由电子接收器阵列接收。虚拟环境包括鱼表面和由许多电流源模拟带电管放电电势的中位面的模型。在可视化中，虚拟物体被交互地插入中位面中，其中的电场扰动可被计算出来。然后将物体的图像显示在鱼表面，以表示与皮肤接触和未接触物体的电势差。

2. 大脑皮层仿真的可视化

大脑皮层有 3 层皮层区，通过嗅觉神经接收输入，并依次从鼻子接收信号。大脑皮层的主要神经元是金字塔型细胞，它接收神经的输入与其他布局和远处的金字塔细胞联系。仿真模型采用 135 个金字塔形细胞，组成 15 × 9 阵列，分成 5 个部分，每部分接收一类突触输入并定位在皮层的不同子层。可视化显示了细胞阵列潜在的薄膜或突触的传导性，当触发随机输入时，可看到激活的波通过网络传播。

3. 小脑浦肯野细胞（Purkinje Cell）中复杂信号的可视化

浦肯野细胞是小脑皮层中最大的神经元，并且是唯一的输出元。在超级计算机上构造了一个详细的模型并用于仿真。然后在“鱼箱”虚拟现实系统上可视化此模型的数据，从而用虚拟电极研究薄膜浅层。系统也允许用户装载其他神经元结构并且响应激活数据。

这些项目的主要目的是开发低成本的虚拟现实系统作为可视化工具，使用头部跟踪器和立体图像构成了令人信服的三维虚拟空间，从而简化了对非常复杂的数据集的解释和处理。

（二）分子建模中的应用

尽管量子力学改变了物理学家研究原子微粒及其相互作用方式，但是分子结构仍然可以使用简单的三维几何图形精确地进行可视化。实际上，化学家仍然采用二维概念来解释化合键如何控制分子结构。

空间接合性提供了预测新分子化合物的强力工具，国外的研究机构已开始研究如何利用虚拟现实技术进行这方面的研究工作。

传统的分子建模方法是通过使用一台工作站和一个交互式图形系统进行的。虚拟现实方法是使科学家沉浸其中，能直接与表示分子的图形交互。

这项工作的目的是使用现有的立体图像设备设计一个能发展成使用虚拟现实技术的系统，然后实验人员能够使用更直接的虚拟现实系统的用户界面去理解分子结构及分子结构与功能之间的关系。

在此项目中，将开发三种分子建模系统。一种系统用来构建分子建模，以满足低分辨力实验和其他限制：一种用来自然而有效地表示和分析蛋白质结构的可视化系统；一种用来探索在结构和摩擦方面的分子相似性系统。该系统会帮助人们对在分子结构中加入新原子能力方面的空间配置影响有更深入的了解。

（三）恐惧表情的表现

恐惧是对某种事物强烈的无理性害怕。有些人害怕某种动物或昆虫（如蛇或蜘蛛等），有些人害怕待在某个环境（如电梯或大房子）中，有些人由于害怕室外空间而愿意待在屋子内等。治疗这类焦虑性行为需要较长时间的精心治疗，在治疗的每个阶段，病人将学会面对不断升级的相关问题，直到焦虑消失并充满信心为止。

英国诺丁汉大学的研究人员使用虚拟现实系统治疗不同类型的恐惧症。早期用来治疗患有蜘蛛恐惧症的人。治疗模式是病人戴上头盔显示器，它可以显示一种患者能忍受且不致产生害怕心理的虚拟蜘蛛，经过多次与虚拟生物相接触，真实感不断提高，直到病人的忍耐力足以应付真实的蜘蛛。

恐高症是对高度的不正常恐惧，它使患者不敢从高处向下俯瞰甚至不敢乘坐玻璃封闭的电梯。治疗这种症状需要医生有敏锐的感觉和极大的耐心，而虚拟现实技术开辟了治疗这种恐惧的全新疗法——虚拟疗法。

美国加利福尼亚的一个医疗小组已经开发了一个可以评估用虚拟现实治疗恐高症效果的训练系统。研究表明 90% 以上的参与者达到了自我调整的治疗目的。参与者已能走过窄木板和通过跨越峡谷的吊桥。

研究小组认为，虚拟现实技术给个人提供了接近他们在真实环境中所害怕的东西的机会。沉浸于虚拟环境中，恐怖的情形非常接近于真实情况，经过虚拟疗法的治疗，参与者感觉他们已经成功战胜了各自的恐怖，极大地增强了自信心。

（四）遥现操作中的应用

美国航空航天局（NASA）使用遥现控制的远程操作车勘查罗斯岛附近水域水深 240 米处的海底状况。经过改装的微型潜艇通过遥控来控制，而它装载的摄像机由陆上工作人员的头部运动来引导。另一组科学家在加利福尼亚的 NASA(美国航空航天局）实验室中，他们也能直接或间接通过计算机来控制 TROV（远程操作车）。使用 Sense8’s World Toolkit（世界工具包）系统构建消极的水下区域情况，以给 TROV（远程操作车）导航建造参考模型。

（五）超声波反馈深度探测仪

超声波反馈深度探测仪是用来获取人体内部实时图像的非浸入式技术。典型的应用是观察孕妇体内胎儿的生长过程，尽管与其他成像技术（如 X- 射线）相比，超声波相对比较安全，但仍有人怀疑它会给未出生的婴儿带来不良的影响。

实际上，该技术通过手持式探针扫描病人的腹部，并将数据在显示器上显示。由于超声波图像具有较低的信噪比和空间分辨力，所以要对最终的图像进行仔细分析。尽管所显示的图像是病人体内的二维视图，但仍然可以得到有关形状和大小的信息，从而判断是否存在异常情况。

美国杜克大学的研究小组正在研制一种实时三维扫描仪，用这种扫描仪可获得人体内的三维数据，这同用 CT 扫描而得到的数据相类似。在这种设备的研制阶段，同时开发了一种实验性的头盔显示器，它可以使上述三维数据可视化。

该系统通过二维超声波数据集合来形成三维形式的数据，然后图像生成器按照工程师所带的头盔显示器的位置和方向确定视点，并使用三维数据生成图像，然后这些图像同配置在头盔显示器上的两个微型摄像机所摄入的图像合成，其结果便是一幅可看到病人体内的合成图像。这种技术的关键之处涉及显示分辨力、成像速度、延迟、跟踪范围和可视信息。

第二节 虚拟现实技术的发展前景

从机械时代开始，人类与机器间彼此交流信息的历史已经近 200 年。人机互动从英国维多利亚时代发明的需要通过移动齿轮、链条输入信息的计算仪器就已经开始。到了 20 世纪 60 年代，键盘和阴极射线管的出现，使人类与机器可以正式开始通过命令进行文字交互。20 世纪 70 年代，鼠标的发明让电脑信息的读取可以通过箭头移动与按钮进行，而不只是通过文字输入。不过，此时的人机交流仅限于文字输入输出，直至 20 世纪 80 年代，第一款面向商业应用、收费高昂的图形界面 Xerox 才正式诞生。随后，苹果公司推出了第一款面向消费者的黑白图形界面，并配有鼠标操作。

相比手动移动齿轮链条，鼠标键盘及图形界面的使用使人机交互简单方便了许多，但这并不是终点。在 20 世纪 80 年代后期，多点触摸屏技术成为技术热点，经过十几年的发展，触摸屏幕在 20 世纪末期走向成熟，并在苹果公司 iPhone 的推动下成为继鼠标键盘后的另一种主流人机交互方式。时至今日，大部分人已经习惯在智能手机或平板设备上通过滑动、触碰点击、摇晃旋转进行操作。在个人电脑方面，苹果和微软都以触摸交互设计为基础设计了最新的操作系统。苹果提供手势支持丰富的触摸板，而微软的 Windows 8 以牺牲鼠标操作性为代价支持触摸屏幕操作。

触摸操作不会是人机交互进化的重点。虽然触摸交互方式是目前已知最为自然的接触方式，但是人机互动的方式可以更加接近人类自然的交流方式，甚至有一天会超越或者替代人类天然的交流方式。而虚拟现实技术的发展就伴随着这样的期许与愿望。相较于目前所有的信息输出设备，从个人电脑、家庭影院到移动终端，虚拟现实设备将带来完全不同的完全“浸入式”体验。传统输出方式的使用者一直处于第三方的视角，依靠输入输出设备交互。而虚拟现实设备让使用者切换到了真正的第一人称视角、不再是通过输入设备控制显示器中的替身，而是通过身体的移动向设备传输信息，同时全景信息将以第一人称的方式传递给使用者。如果说，目前的平板电脑可以做到让未受过训练的两三岁的孩子直接使用，那么，虚拟现实设备从理论上说可以让刚出生的婴儿使用（当然从婴儿健康角度考虑，最好不要这么做）。

同时，虚拟现实所带来的革命，将不局限于人机互动领域，它是人类信息传播史上的一个重要里程碑。信息的记载与传递是人类文明的基础，也是人类与其他动物的基本区别。语言文字的发明使人类从物种竞争中脱颖而出，成为地球上物种的主宰。在文字被发明以前，人类试图使用绘画记录传递信息，但是绘画难以捕捉抽象概念与思想。文字和语言的发明使人类得以使用文字记录历史和思想。人类文明的产生就是奠定在一代代知识与思想的累积上的。

虚拟现实技术有希望成为继文字语言发明之后的另一个里程碑。虽然大部分信息、思想可以通过文字及语言传递，但是文字和语言不能把所有的信息保留传递，只能通过语言的概括、提取、描述传递信息。信息的抽象和不完整性使阅读者需要在脑中还原信息，准确度往往不理想。比如，用文字描述一片海滩：洁白的沙粒，一望无际的海，海天一色……高超的语言使用者能够尽可能地调动读者的想象力，指导读者还原想要描述的画面，但是不可能做到百分百还原。

不过，就目前的发展而言，摄影和摄像技术使百分百还原一片沙滩成为现实。但这还不是真正的百分百还原，因为摄影与摄像技术还原的只是某个角度、某个时间段内的声音影像。相比而言，真实地存在于一个沙滩，可以自由地选择从任意的角度观看，可以闻到海风的味道，可以感受脚上沙子的触感和海水的冲击，还可以抓起一把沙子丢到水里。无论是在文字描述还是照片影片中，角度转换、触感、嗅觉、动作的捕捉和反馈等方面的塑造都是有很大缺失的。至于虚拟现实技术未来的努力方向和完善，就将会从前述的角度开始，补充更多现实体验，使人类的描述、记录在信息世界中的建设更加全面，能够真实地记录并重现物质世界的所有信息，最大限度地再现人类的物质生活。

如果信息记录更加全面准确了，那么信息传递也会以更高的效率运转生效。信息传递在足够强大的效率支持之下，能在相当广泛的场合中得以应用，从教育、商业到娱乐社交……生活中的方方面面都将从中受益。如果虚拟现实的技术足够成熟，人机互动将不必再使用任何第三方输入输出设备，就像人与人沟通一样自然。而人与人之间通过虚拟现实设备沟通，也可以达到类似于面对面直接沟通的效果。理想中的虚拟现实设备应该能够同时在视觉、听觉、嗅觉及触觉方面与使用者交互。

就目前的虚拟现实技术而言，要达到全面捕捉、模仿现实世界还有很长的一段路要走。很多年前，在普遍使用 Windows 95 的年代，作家王小波曾写过一篇著名的杂文《盖茨的紧身衣》，文中提出一个比尔·盖茨多年前关于虚拟现实的设想——VR 紧身衣[①]。根据王小波的描述，这款多年前构思的 VR 产品像一件衣服，上面有很多触头模仿人类的触觉，据说只要有 25 万~30 万个触点，就可以模拟人全身的触感。王小波曾估计，20 年后这样的科技也许足可以变成现实。遗憾的是，20 年过去了，现在并没有再听到过任何关于这款紧身衣的消息。但是，这不意味着比尔·盖茨放弃了虚拟现实，微软正在开发的 HoLoLens（全息透镜）是目前种类繁多的虚拟设备中的一个亮点。现有的 HoLoLens（全息透镜）与紧身衣比起来，能提供视觉及听觉方面的交互。虚拟现实未来还有很长的路要走。

目前的虚拟设备功能主要由两方面组成：一是对使用者的移动进行捕捉；二是根据捕捉所获得的数据输出 3D 影像与声音。国内目前有许多生产虚拟设备的厂家和创业公司，大多数以手机为载体，利用手机内置的重力感应对头部的旋转进行捕捉，同时利用 3D 眼镜实现手机屏幕上的 3D 效果。这样的设备大多数只能跟踪到使用者头部的旋转。更高级一些的虚拟现实设备可以做到对使用者的手部或者腿部动作进行局部捕捉并同步到虚拟世界，使人产生更真实的浸入感。目前还在发展的一个种类是现实增强型，佩戴者可以戴着设备在现实世界随时移动，设备会根据现实世界的变化给出反馈。

目前的虚拟现实技术仍然是初步的，与现实的可比拟度相当低，只能算是部分模拟现实。最主要的方向集中于角度转换与动作捕捉，但是要真正实现虚拟现实，需要做到触觉、嗅觉的传递与思想的捕捉。如果这些信息的传递与捕捉能达成，那么，人类文明将进入一个崭新的时代。

---

① 杨加．数字虚拟艺术超真实表现研究 [M]．北京：中国商业出版社，2019.

一、技术极点

就目前的技术水平而言，虚拟现实的应用场景局限于影音娱乐，以及部分在线娱乐、社交。虽然使用者可以获得更加真实的影音效果，可以通过头部移动、手势来控制交互，但并不是完全颠覆式的体验，更多的只是面向科技爱好者的升级版的3D效果加动作感应。相比较而言，现实增强型设备的应用场景更广阔些，在工程设计、现代展示、医疗、军事、教育、娱乐、旅游中都大有用武之地。但是，虚拟现实仍旧有潜力成为人类文明的一个里程碑，届时所需要的技术将远不止一个头盔设备或一套动作捕捉系统。

电影《黑客帝国》描述了一个虚拟现实代替实际现实的世界。在影片中，人类肉体的五感被抛弃，取而代之的是直接使用一根钢针插入人体后脑勺，通过神经直接传输进所有的与外界的交互：听觉、触觉、嗅觉、运动，并且用一个完美模仿现实世界的虚拟现实世界，代替真实人类社会的组织与架构，人类的生存变为一个类似于“缸中脑”的生存方式。

在生活中，人所体验到的一切与外界的交互最终都要在大脑中转化为神经信号。假设一个大脑并没有躯体，只是生活在营养液中维持它的生理活性，但是这个大脑被传输进各种神经电信号，让它感觉自己是一个人类，活在一个世界中，并且可以随意地和外界交互，那么，大脑实际上并不能发现自己没有肉体，因为所有的感觉、触觉、听觉、嗅觉、移动反馈，都和它如果有肉体一模一样。

这样的一个“缸中脑”的模型，是虚拟现实的最终目的：使用计算技术模拟出现实并连接上人类大脑的神经系统，即模拟取代现实。类似的概念并不只存在于《黑客帝国》中，在动漫轻小说作品《刀剑神域》中也有描述。虚拟现实设备可以代替一切人类在现实生活中可以有的体验，并且因为“虚拟”可控，可以让人类任意操作现实，只要有足够多的数据模型，任何现实生活中的体验都可以被模拟，从加勒比小岛的别墅，到米其林三星的料理，与明星或者心仪的人亲密接触……一切都可以被批量生产，无限量供应，不再存在现实社会的资源有限性，每个人都可以有自己的度假小岛，天天品尝顶级美食，或者和自己心仪的明星生活在一起。

伴随着虚拟现实与真实现实之间的差距不断缩小，人类社会的生存模式面临着颠覆。我们无法预计那一天有多快到来，但是可以根据某些信号判断那一天是否临近，接下来会根据预计的实现顺序先后来分析以下几个重要的信号。

第一，内容生产能力：影像捕捉与处理技术的提升，现实空间捕捉设备。

目前的影片游戏提供的只是 2D 影像，而虚拟现实所要提供的是一个空间从不同角度观察的三维影像。实现这个技术，人们就可以在家中前往世界各地身临其境地参观当地的景色。同时，这样的技术也需要为人体动作的捕捉反馈提供解决方案，目前，市场上已经有根据定位系统定位的、根据穿戴设备定位的各种不同解决方案，也有混合两者的方案。在游戏领域的市场化应用已经开始，所以，影像捕捉与处理技术是最早有望成熟并被广泛应用的技术。

目前，各大游戏厂商、各大影视公司都在重点关注与投资这个领域，也有一些独立制片厂与个人正在尝试制作虚拟现实影片，技术成熟指日可待。

第二，设备技术支持：计算技术的提升，量子计算技术的成熟。

图形图像一直是计算机内存和计算能力的压力来源，流畅地播放和处理影像对于低配置的个人设备而言已经是挑战，流畅地处理与播放虚拟现实的影像将会带来更大的挑战。要流畅地处理虚拟现实的影音文件，需要有高速度的信息传输和计算技术。最有可能的突破点是目前还在研发阶段的量子计算技术。量子计算的速度远胜于传统电脑。传统计算机使用半导体记录信息，根据电极的正与负，只能记录 0 与 1，但是量子计算技术可以同时处理多种不同的状况，一个 40 比特的量子计算机，就能在很短的时间内解开 1024 位电脑花数十年解决的问题。

虽然量子计算技术不能大规模提高所有算法的计算速度（就部分算法而言，量子计算只能做到小幅度提升），但是量子计算在优化人工智能（AI）/ 机器学习方面有着极大的优势，而这两者的发展对于虚拟现实技术的成熟也是必不可少的。随着量子计算技术趋向于成熟，人类对信息的编码、存储、传输和操纵能力都将大幅度提升，也为虚拟现实应用的普及提供了必备的条件。

第三，最难及最重要的：全方位输出信息。

若要实现虚拟现实，必须将人造的信息内容尽可能真实地传达给接受者。传达的方式主要有两种：一是通过人的五官和皮肤间接地向大脑传递信息；二是跳过人的器官，直接向大脑传递信息。

目前，虚拟现实的发展都是基于第一种方式。头戴式 VR 设备通过人眼向大脑传递视觉信息，振动式手柄通过手上的触觉系统向大脑传递触觉信息，一些正在开发中的设备计划在头戴式 VR 中增加一个制造气味的部件通过鼻子向大脑传递信息……这个信息传递法的弊端很明显，能量消耗成本大，信息需要先被具体化成图像、压力或者气味，然后再被人体的器官神经系统分析还原成信息输入大脑。如果能跳过把信息具体化、再信息化这两个步骤，直接把信息从电脑传输进大脑，效率将大大提高，成本将变得可控。试想一下，如同“盖茨的紧身衣”这样包裹全身，向人体全身输送触觉信号的设备，造价昂贵不说，效果也差，因为只涵盖了人体表面的皮肤，内部的神经系统是无法涵盖的。诸如胃痛或者肌肉酸疼这样的信号是不可能通过“紧身衣”的形式传输进大脑的，唯一的可能性就是绕过人体的感官器官和触觉系统，直接向大脑传输信号。所以，虚拟现实的发展，必将依托于脑科学的发展。

在虚拟现实的发展进程中，脑科学的理论水平一直发挥着决定性的作用。然而，对于人脑的运行规律，即使是顶级的科学家的掌握程度也非常浅显，尚且无法理清大脑中随意一个单独机体的工作原理和生效规律。不要说人类的大脑，科学家甚至还没有理解脑内仅有 302 个神经元的小虫的神经体系。假如生物的大脑像是一片拥有独立生态系统的森林，则人类当前所掌握的科学水平还不足以探查森林内部的生态构造，了解森林大致的占地面积、植物类别和气候特点等，并且仍无法观测内部生物的生活方式、植被的生长规律、生态网络的运作流程等。

现在，我国和欧盟以及美、日等国家都已经充分认识脑科学在虚拟现实中的重要意义，并在科研政策上予以重视。欧盟已于 2013 年 1 月启动“人类大脑计划”，计划在未来 10 年内投入 10 亿欧元。欧盟的“人类大脑计划”的研究重点除了医学和神经科学外，还有未来计算机技术。科学家希望基于人脑的低能量信号传输模型，开发出模拟大脑机制的低消耗计算机。它的功率可能只有几十瓦，却拥有着媲美超级计算机的运算速度。同年 4 月，日本的脑计划也宣布启动。

2016 年起，美国政府正式宣布启动“大脑基金计划”。截至目前，总投资将近 45 亿美元。在以该计划为主题开展的科普大讲坛上，美国科学院院士、加州大学圣地亚哥分校神经科学学科主任威廉·莫布里（William Mobley）为大众介绍了“大脑基金计划”的主体目的、理论依据、大致流程和开展意义等。整个计划的总流程大概持续 10 年之久，包括两个阶段：前一阶段重点研究和试验用以探索大脑活动规律的新技术，包括电子或光学探针、功能性核磁共振、功能性纳米粒子、合成生物学技术等，为接下来的人脑探索工程提供有力的技术支持；后一阶段采用新生技术大力推进脑科学研究进度，争取该领域的新发现，开拓新的理论领域，甚至可以尝试打造比人类基因图谱更深入一步的“人类大脑动态图”。

科学家们之所以要开展“人类大脑计划”，主要是希望绘制一幅大脑运动导航的动态示意图，该示意图应该能够反映人类大脑从整体到每一个单独细胞的全部运动，而且确保画面拥有极高的分辨率。科学家可以借此观察大脑中单个的神经元的运动方式，见证它们如何与其他神经元有效互动，应对不同的刺激会产生什么样的反应，其活动最终如何转化为思维活动、情感变化，最后指引人体的行动，这些都是意义重大的科技进步。

基于与“人类大脑计划”相似的“人类基因组”的快速进展和突破，也许可以对“人类大脑计划”寄予厚望。作为科学界最难攻克的“堡垒”之一，“人类大脑计划”的概念已经远远超出“人类基因组计划”，在难度上提升了几百倍甚至更多。当前的“人类大脑计划”依然处在一个非常原始的阶段，其推进方式基本等同于5个世纪之前人类认识世界的方式——大体上依靠半真实半虚构的想象与推测。人类大脑中存在多达上千亿的活体细胞，哪怕从大脑中确定一个1毫米长、2毫米高的截面图，也需要投入巨大的人力物力，用顶级超级计算机运转一整天的计算量去获取目标信息。所以就该工程的推进程度来看，只能期待各国科学家加强国际合作，实现即时数据分享，尽可能地推进“脑地图”的进展。

“人类大脑计划”的动态图绘制至少需要10年，甚至20年、30年，具体日期不得而知，但并不遥远。但是，只拥有脑地图离人类直接向大脑传输数据信号还十分遥远。相似的情况就如同目前的“人类基因组”计划，虽然基因组的图谱已经绘制成功，但是目前基因组信息的注释工作尚处于初级阶段。如同刚刚出土了一块写有古代文字的石板，目前人们尚不具备理解的能力，距离熟练地使用石板上的文字书写、创造、编辑就更加遥远了。

虽然距离人类理解、控制大脑的那一天还比较遥远，但是那一天一定会到来。届时，《黑客帝国》中描述的场景也许将不再只是虚拟的幻想，人类的科技会达到“创造新世界”的水平，基于信息网络和虚拟设备，打造一个让人在其中获得和在物质现实中别无二致感受的世界。虚拟世界的概念会发生根本性的改变，用以构建这个世界不再仅仅是平面的视觉与录制的听觉（如图片、影片、屏幕游戏等），而是涵盖触觉、嗅觉、味觉等所有物质体验在内的、全方位还原真实的体验。

二、未来发展

从目前的信息技术发展水平和推进程度来看，人类在未来完全有可能创造出与现实生活完全一致而又更加理想化、更加有序的虚拟世界，就像电影《黑客帝国》中展现的那样。如果人类所掌握的虚拟制造技术发展到了一定程度，有条件传输并运行超大规模信息的计算，并且通过信息手段解读和掌握人类的大脑活动规律，就有希望在虚拟世界中建立一个有序运行的人类世界。随着现代科技的飞速跨越，人类将迎来愈发多维而奇妙的生存方式，整个世界会出现前所未有的改变，虚拟与现实之间的分界不再清晰，所有人都可以自由地往返于两个世界之间。

但是，虚拟现实技术的发展与普及也有可能带来新一轮的道德伦理危机：假如人们已经在虚拟世界中获得了与现实一样具体、比现实更为美妙的体验，那么是否会很快沉浸在虚拟现实中，彻底放弃物质现实？虽然当前的科技水平所支持的虚拟世界体验还不如真实世界真实，但是已经有许多成熟的虚拟社区团体，也有很多人以“虚拟世界”为他们的真实世界，在“真实世界”中打发日子，勉强维持身体机能以支持他们在虚拟世界中的生活。如果虚拟现实技术的进步使虚拟世界的真实度和现实生活难辨真假，但是可以满足人们在现实生活中不能实现的各种愿望，那么虚拟现实就是比现实生活更美好的现实，还有理由选择在现实世界中生活吗？

这个问题恐怕很难回答。在电影《黑客帝国》中，墨菲斯让尼奥在红色药丸和蓝色药丸中选择，一颗代表继续沉浸在美好、平静的虚拟世界中，另一颗代表选择困难，前往一个远不及虚拟世界美好，不停逃难、斗争的现实世界。在电影中，尼奥的苦难被赋予了意义，因为他所经受的苦难拯救了锡安，帮助 Matrix 成功升级。

但是，在现实生活中，并不是所有的苦难都有这样重要的价值。失去双亲的孤儿在现实中大都生活得非常痛苦，不仅要承受失去亲人呵护的悲伤，还要独自面对家庭生活、社会生活，经历有残缺的人生，然而，这些孩子如果进入一个保存有他们父母的精神信息的虚拟世界，就依然可以在其中体会仿佛父母仍在身边一样的感受，起码可以通过虚拟世界获得精神慰藉和理论上的完整家庭关系。再比如，残疾人的经历也是如此，他们自己也不希望在现实生活中承受各种不便和歧视，残疾的身体只会搅乱他们的人生。然而，在虚拟世界中，残疾人一样能够获得完整而强有力的躯体。总而言之，虚拟现实可以协助人类战胜许多现实中原本无法逾越的难题，为创造人类幸福的生活发挥无限的可能性。人生痛苦的来源——“生”“老”“病”“死”都可以通过虚拟现实来克服。

用虚拟现实克服“生”“老”“病”十分容易，虚拟世界可以让人以其想存在的方式存在，而不是被迫出生，并投入其所在的家庭、角色中，同时不受时间的限制，可以一直以其最喜欢的形象面貌存在。虚拟世界中可以没有疾病这个设置，即使人的本体因为疾病饱受病痛，虚拟现实也可以通过直接向大脑传输信息覆盖掉原本的疼痛信息，在虚拟世界中就可以没有病痛的苦恼。

那么，虚拟现实怎么克服死亡呢？人类肉体无论什么时候都是弱小的，再长的寿命也会有终结。但是，随着尖端生物科技和科学伦理的进展，越来越多的科学家认为，人的思想确实可以“永生”，按照现有的生物理论和心理学说，人们可以找出量化记录自己的思想，以及大脑中保留的所有记忆和精神活动的办法，并且将其通过信息技术和生物工程手段永久保存。当一个人大脑中的所有的记忆、神经活动、思维习惯等被全数复刻之后，其作为社会人存在的基础就得到了延续，基于虚拟现实世界，复刻人体记忆得来的“虚拟大脑”可以获得一个用来依托的“躯体”，这样，最重要的精神记录就能够长久维系下去。只要承载着大脑信息的虚拟世界一直维持运作，在其中存在的“虚拟人类”就不会像有肉体的人一样消亡，从而实现“永生”。所以我们说，永生不死的人类是完全有可能存在于虚拟世界之中的。

没有肉体的数字化人类可以被算作人类、并且享有人权吗？这些数字化的过程包含着一个人完整的记忆、情感，并且在虚拟世界中创建了一个有一切人类感觉的虚拟肉体，这些数字化的人类就如同哲学中的“缸中脑”，并不能感觉到自己没有肉体、不真实存在，因为他们可以像真实存在于现实的人类大脑一样操控一个躯体，并与外界交互。唯一的区别是他们的躯体是虚拟的，同时与他们交互的世界也是虚拟的，实际只是存储在某个服务器中的数据。

从读取信息，把一个人数字化，到运行、维持数字化后的人类的“生命”，每一个步骤都需要消耗支出，那么这些支出应该由谁负责呢？如果以目前人体冷藏法的执行方式为样本，寄希望于冷藏保存自己的遗体并在未来被复活的人，一次性出资安排自己死后的遗体冰冻处理，并每年支付遗体继续冰冻保存的费用，那么读取信息，把一个人数字化的成本也应该由被数字化者本身出。但是，对于这些冰冻保存自己身体的人而言，他们面临未来遗体继续保存费用违约、遗体被丢弃的风险，并不能保证他们的后代（如果他们有后代）愿意一直持续支付他们的遗体保存费用。财力雄厚的人也许可以在生前创立一个基金会，用每年的收益来支付冰冻费用，以此来确保自己的遗体得到保存。但是对大部分人而言，这不现实，这些遗体的权益没有办法完全被保护。同理，数字化后的人类面临类似的风险，是否有人愿意为他们的存在持续出资？如果被冷冻的人所需要支付的保存费用还是有上限的，保存到他们被复活为止，那么永生的数字化人类的维持费用理论上会持续到永远，于是相应的费用也是无限的。

相比被冷冻保存的遗体，数字化人类具有不少优势：一是他们在虚拟世界中有能力为自己发声争取权益；二是即使他们不存在于现实世界，仍然可以为现实世界创造价值。想象一个被数字化了的程序员，只要他在虚拟世界中仍然与时俱进，学习新的编程技术，又有丰富的经验，那么他仍然可以在虚拟世界中胜任他的工作；画家仍然可以在虚拟世界中创造艺术……

虽然部分数字化人类可以创造不菲的价值，但是并不是所有的数字化人类都可以在虚拟世界中创造价值，虚拟世界中的体力劳动是没有价值的。但是退一步说，现实世界中的体力劳动者大多为低收入人群，也许对低收入人群而言，要获得使自己数字化的一笔资金都是困难的。并且对人类而言，使智力高、创造力强、经验丰富的研发人员、掌握技术的人数字化并且持续研究、创造是一件合算的事，想象一下爱因斯坦被数字化了之后仍然持续着他的研究。但是，并不是每个人的数字化都有价值。从人类文明的角度而言，使用强权政府统治，确保“有价值”的个体得到数字化永生，并且让其他维持人口基数的普通大众在不可能得到“永生”的情况下仍然安分守已地生活，也许是一个不错的解决方案。

但是，这样只有部分人享有永生权利的方案并不“公平”，而强权政府又违背了民主、开放的原则。如果没有强权政府，按照自由市场经济规律，享有永生权利的仍然只是少部分人，是总资本雄厚、掌握社会资源的那部分人。所以，一个虚拟现实成为真实的世界仍然不能避免矛盾，人性的本身决定了不管人类的生活方式与科技如何进化，社会矛盾必然存在，如同阿道司·赫胥黎（Aldous Huxley）在反乌托邦作品《美丽新世界》中所描述的，科技的发展并不一定能促进人类社会精神文明的发展。

参考文献

[1] 苗志宏，马金强 . 虚拟现实技术基础与应用 [M]. 北京：清华大学出版社，2014.

[2] 喻晓和 . 虚拟现实技术基础教程 [M]. 北京：清华大学出版社，2015.

[3] 张菁，张天驰，陈怀友 . 虚拟现实技术及应用 [M]. 北京：清华大学出版社，2011.

[4] 李新晖，陈梅兰 . 虚拟现实技术与应用 [M]. 北京：清华大学出版社，2016.

[5] 杨柏林，陈根浪，徐静 .OpenGL 编程精粹 [M]. 北京：机械工业出版社，2010.

[6] 苏凯，赵苏砚 .VR 虚拟现实与 AR 增强现实的技术原理与商业应用 [M]. 北京：人民邮电出版社，2017.

[7] 王汉华，刘兴亮，张小平 . 智能爆炸：开启智人新时代 [M]. 北京：机械工业出版社，2015.

[8] 褚君浩，周戟 . 迎接智能时代：智慧融物大浪潮 [M]. 上海：上海交通大学出版社，2016.

[9] 吴军 . 智能时代：大数据与智能革命重新定义未来 [M]. 北京：中信出版社，2016.

[10] 周志敏，纪爱华 . 人工智能：改变未来的颠覆性技术 [M]. 北京：人民邮电出版社，2017.

[11] 余诗曼，许奕玲，麦筹璋，等 . 虚拟现实技术的应用现状及发展研究 [J]. 大众标准化，2021（21）：35-37.

[12] 罗珽，冷伟 . 沉浸式虚拟现实技术在地球科学中的应用 [J]. 中国科学技术大学学报，2021，51（06）：431-440.

[13] 孙志伟，李小平，张琳，等 . 虚拟现实技术下的学习空间扩展研究 [J]. 电化教育研究，2019，40（07）：76-83.

[14] 黄冠，曾靖盛 . 虚拟现实技术的研究现状、热点与趋势 [J]. 中国教育信息化，2022，28（10）：49-57.

[15] 崔会娇，程慕华 . 基于虚拟现实技术的数字媒体艺术教学策略 [J]. 山西财经大学学报，2022，44（S2）：125-127.

[16] 石晓卫，苑慧，吕茗萱，等 . 虚拟现实技术在医学领域的研究现状与进展 [J]. 激光与光电子学进展，2020，57（01）：66-75.

[17] 华子荀，欧阳琪，郑凯方，等 . 虚拟现实技术教学效用模型建构与实效验证 [J]. 现代远程教育研究，2021，33（02）：43-52.

[18] 杨青，钟书华 . 国外“虚拟现实技术发展及演化趋势”研究综述 [J]. 自然辩证法通讯，2021，43（03）：97-106.

[19] 胡志忠 . 虚拟现实技术在游戏设计中的应用探析 [J]. 科技创新与应用，2022，12（26）：193-196.

[20] 王永杰，崔利宾，袁鑫，等 . 虚拟现实技术在临床医学教学中的应用 [J]. 医学教育管理，2021，7（01）：73-77.

[21] 王继禹 . 虚拟现实技术在工业设计教学中的应用与研究 [D]. 济南：山东建筑大学，2021.

[22] 王思瑶 . 虚拟现实技术在医学生心肺复苏培训中的应用 [D]. 广州：南方医科大学，2019.

[23] 张琳 . 基于虚拟现实技术的个性化推荐界面研究 [D]. 济南：山东大学，2020.

[24] 严艺文 . 虚拟现实技术在新闻传播中的应用及影响研究 [D]. 广州：暨南大学，2018.

[25] 宁蔚然 . 虚拟现实技术对电影形态及创作的影响研究 [D]. 重庆：西南大学，2016.

[26] 汤雍 . 虚拟现实技术在电视节目制作中的应用研究 [D]. 南京：南京艺术学院，2014.

[27] 胡岩珊 . 虚拟现实技术对人类思维认知的影响研究 [D]. 哈尔滨：哈尔滨师范

大学，2021.
[28] 李超鹏 . 论虚拟现实技术在现代工业设计中的应用 [D]. 济南：齐鲁工业大学，2020.
[29] 苏昕 . 虚拟现实中的身体与技术 [D]. 合肥：中国科学技术大学，2021.
[30] 金怡淳 . 结合脑电信号（EEG）及虚拟现实技术（VR）的地下空间设计和反馈研究 [D]. 北京：北京交通大学，2021.